读好书系列

化石真相

彩色插图版

HUA SHI
ZHEN XIANG

吉林出版集团股份有限公司

图书在版编目（CIP）数据

化石真相／光玉主编.—长春：吉林出版集团股份
有限公司，2011.4
（读好书系列）
ISBN 978-7-5463-4271-9

Ⅰ.①化… Ⅱ.①光… Ⅲ.①化石—青少年读物
Ⅳ.①Q911.2-49

中国版本图书馆 CIP 数据核字（2010）第 240976 号

化石真相

HUASHI ZHENXIANG

主　　编　光　玉
出 版 人　吴　强
责任编辑　尤　蕾
助理编辑　杨　帆
开　　本　710mm×1000mm　1/16
字　　数　120 千字
印　　张　10
版　　次　2011 年 4 月第 1 版
印　　次　2022 年 9 月第 3 次印刷

出　　版　吉林出版集团股份有限公司
发　　行　吉林音像出版社有限责任公司
地　　址　长春市南关区福祉大路 5788 号
电　　话　0431-81629667
印　　刷　河北炳烁印刷有限公司

ISBN 978-7-5463-4271-9　定价:34.50 元

前言 Foreword

那些远去的物种如今封印入石，在地壳中随着岩石翻来覆去，一小部分得以露出地表，与世人见面。它们的问世先天就具有一种神秘色彩。但古生物学——一门关于研究化石的学科，它离我们并不遥远！

当你吃鸡肉的时候，你是否会认真找出那根如愿骨，幻想一下恐龙演化为鸟类的飞天一瞬？当你悠然坐于银杏树下，品尝着蕨菜的时候，能否想到那也曾是亿万年前恐龙、古鸟、古兽赖以生存的美味佳肴？当你追打蟑螂的时候，你是否知道蟑螂已经在地球上活动了3亿多年？是否想过，透过它们的眼睛可看遍沧海桑田？当你悠然地喝着法国利慕（Limoux）地区的美酒时，是否会联想到，那里也曾是葡萄园龙的天堂？

甚至，让我们共同幻想一下：我们家的后院曾经住过谁呢？……

2006年，蒙《新京报》厚爱，我被邀请在该报开设古生物专栏，对公众诉说古生物学的种种乐趣，介绍古生物中极具代表性的物种、物种发现背后的名人逸事。开栏以后，专栏受到了很多读者的热情欢迎，这使我感动之余也备受鼓舞，有这么多对古生物感兴趣的朋友，我的工作也会平添更多动力。此次受吉林出版集团有限责任公司之邀，将已发表之全部内容结集出版，配上图片，以飨更多的读者朋友。

我期待古生物学能成为你们当中一些人的生活方式，直到最后，当你修炼到凡是吃到任何可能保存为化石的骨头时，都会不自觉地留下个牙印，那我"不可告人"的目的就达到了。

目录
MULU

寻骨记

职业古生物学家最需要什么?

骨头,石化的骨头。

古生物学是一门材料科学。没有化石,再高的"修为"也是永不落地的空中楼阁。而且古生物学家都有个臭脾气,谁找到的化石就归谁研究,你平白无故要来研究我的标本? 除非我死了。

第一乐章

金钢

职业古生物学家最需要什么?

骨头,石化的骨头。

古生物学是一门材料科学。没有化石,再高的"修为"也是永不落地的空中楼阁。而且古生物学家都有个臭脾气,谁找到的化石就归谁研究,你平白无故要来研究我的标本?除非我死了。

但也不是每位古生物学家都能成功找到骨头。在 19 世纪 70 年代,著名的"骨头大战"(The Bone Wars,两派科学家为了争夺骨头而互"掐"的诸多战役合集)中,著名古生物学家马什就是一个典型。马什是个离群索居的书呆子,衣冠楚楚,留着整齐的胡子,极少去野外工作,去了也基本找不到化石。比如他去怀俄明州参观著名的科摩断崖,却压根儿没注意到一块化

▶ 孔子鸟化石

▲本书作者邢立达
(绘图/赵亮)

003

恐龙"胃"里的我，地点是在云南禄丰。这条禄丰龙是原地埋藏的真家伙，就是有一点是假的，你看得出来吗？嗯，就是脑袋，因为太珍贵了，所以不得不取走，现场展示的是一个石膏模型

▲建在耶鲁大学内的马什的博物馆——"Mash Hall"

石，即使那里的化石称得上俯首可拾。

但马什有的是钱，富可敌国的摩根财团掌门人皮博迪是他的舅舅。皮博迪在耶鲁大学给外甥马什盖了个博物馆，用来装满马什看得中的任何东西。在我的印象中，现在古生物圈内好像没有这种幸运儿了，所以大家还是需要自己出去找骨头。我也不例外。

"工欲善其事，必先利其器"，化石的挖掘是一件相当专业的工作，拥有制作精良的工具进行科学有效的挖掘，必会起到事半功倍的效果。与侠客渴求一把切金断玉、削铁如泥的宝剑一样，我一直期待着一把得心应手的地质锤降临。

上次在云南禄丰的野外作业中，我首次见识到一种叫"Estwing"的地质锤，翻译过来可以叫"信誉之翼"，其优点在于"一体化"的手柄和锤头，而且都采用了特殊的硬化钢制造，非常坚固耐用。但价格也合理地上扬，平刃锤约40美元，尖刃锤约30美元，更糟的是，国内很难买到，一般都要东托西托才能从美国搞到。

待到 20 世纪末的一天，老友 Joe 从大洋彼岸发来电邮，道是相中了我的一个多功能指南针，欲用一把 Estwing 锤换取。我大喜，就这样完全不费工夫地得到一把顶级的专用挖掘装备。苦等半个月，锤子取来，竟然是旧的！

Joe 对此的解释是"此把名叫 King Kong（金钢）的老锤随我 10 年，刨龙无数，其中还包括一只暴龙"。就像一把宝剑，杀人无数，其中还包括一位皇帝，这就不是普通的宝剑。我明知这老鬼根本就是喜新厌旧欲买新锤，可难得他这么会抛高帽子，罢了。

▼老友 Joe 和我在云南禄丰恐龙博物馆前，完成了金钢锤的交接仪式。Joe 是美国一家古生物基金会的头儿。我们相识在美国蒙大拿野外这个传奇的古生物圣地。Joe 与当地随处可见的大大的干草卷一般憨厚，对恐龙无比狂热。我爱死了 Joe 戴鹿皮牛仔帽、穿牛仔裤、把各种猎龙武器挂齐在马鞍上策马飞奔的样子

第二乐章

钱柜

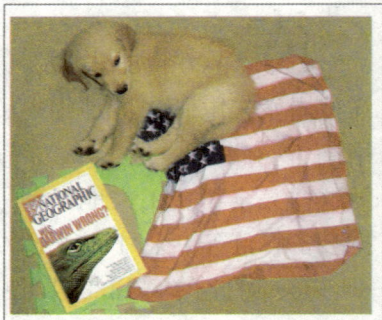

自从有了金钢大锤，我每次出野外都信心百倍！怕什么？我有最好的锤子，还是一把刨暴龙的锤子！

当然，锤子固然好，但它需有用武之地，这需要我能够发现化石，这才是问题所在。

记得一位前辈说过："你能不能从一堆石头中分辨出化石？记住那湿润而独特的味道和触感吧。"言下之意，就是要你"亲自去舔一舔，因为化石尝上去有一股酸涩的味道，而且还有点粘舌头"。

请记住，这是古生物学家忽悠挖掘志愿者或者媒体记者最爱用的招数！看着别人小心翼翼伸出舌头去舔化石的时候，你在专家嘴边定会看到一丝诡异的微笑。其实啊，用手蘸点口水摸一摸就行了，粘不粘，手自知。

另外还有一个办法，你可以找一条狗。这不是灵感突至，很久以前，苏联人就训练狼狗来帮助人们找到泥土里的矿石；瑞典科学家训练和使用探矿狗，

▲我与古脊椎所的张杰在内蒙古赤峰市宁城县道虎沟村劈着化石板。这里的湖相泥页岩中蕴藏着大量的昆虫与植物化石

► 中国古生物学的奠基人杨钟健院士的雕像

成功地找到了地下 10 多米深处的黄铜矿；多年来，日本的化石爱好者中一直有人用小猎兔犬来协助寻找化石。因为狗的嗅觉超过人的 1200 倍，嗅觉细胞高达 2.2 亿个。在对付恐龙上，狗也有辉煌的战绩：1990 年 8 月 12 日，苏珊·亨德里克森在美国南达科他州夏延河畔遛狗的时候，发现了世界上最完整的暴龙化石"苏"。

前年一段时间，我闲来无事，打算也弄条狗，说不定也有一段传奇。于是我找来一大堆关于狗这方面的书来恶补，但

▲超级敏锐的嗅觉，使狗成为当之无愧的"好猎手"

▼哥们儿，一起找化石去吧

▶甘肃北部酒泉市肃北县的马鬃山地区，那里是热河生物群西部边缘地带的一个重点。我们历时近两个月，考察了酒泉市10多个化石地点，并选择马鬃山一地点进行了大规模发掘，发现了大量动植物化石，包括棱齿龙类、鹦鹉嘴龙、禽龙类和蜥脚类恐龙，以及龟鳖类、哺乳类动物化石等，还有腹足类、双壳类、叶肢介和昆虫，以及硅化木、松果等化石

还是没有定下品种。直到在狗场看到一窝小金毛寻回犬（golden retriever），才知道这就是我一直想要的！缘分这东西真不是你我决定的。于是买了一只，带回家中，命名为"钱柜"，既符合"贱名字好养活"的习俗，也安抚了我的大俗。

▲钱柜小时候

从钱柜3个月大开始，我开始训练它找化石。我用的是云南产的禄丰龙肋骨，因为这是我的收藏中与猪排最接近的东西了。而原产苏格兰的金毛寻回犬本身就是工作犬，主要用于发现、捡起野兔和鸟类等猎物并将其衔回，并且不对猎物造成损害或伤害。可我的化石却被弄得伤痕累累，因为它每次找到都会试一下可不可以吃或玩，最后确认是无用的才送回给我。朋友们听了都说可能是它还太小的缘故。不过，没关系，我会慢慢养的。

第三乐章

首遇

"**国**内认为禄丰龙有两个种，即许氏禄丰龙和巨型禄丰龙。巨型禄丰龙的体形要比许氏禄丰龙大三分之一，脊椎骨更加粗壮！"董老说着跨上一处小土坡，几个快步绕到坡势较缓的一面。"看这里！"他在山坡上面喊道，"有一个颈椎骨，可能是第二段（第一段连接头部），刚露出地面一点点，周围有一颗牙齿！"

这是我 1998 年被董枝明教授领到云南禄丰，第一次看到野外状态下的恐龙骨骼化石！与博物馆中的恐龙化石不同，野外的化石让人更加兴奋，每次发现都是一次奇妙无比的体验。在此彩云之南的梦幻龙域，到处是裸露的红土、零乱的小石子、低矮的灌木丛……一种史前荒芜的气味弥漫在

▼左一"中国龙王"董枝明，右一是我的好友、日本小学馆出版社的吉川先生

禄丰龙（图片选自航空工业出版社：《恐龙真相》）

▲ 戈壁滩上的龟化石

空气中，踏着紫红色的地层，轻触云端龙踪，在与化石肌肤相亲前，我已经被此环境所催眠。

眼前这 3 块脊椎骨属于禄丰龙。这是该山分布最广泛的恐龙。化石呈赤红色，破损比较严重，但是很干净，这是被当地农民用作农田排水口筑石的缘故。

这里的农民很久以前就把这种脊椎骨当作油灯使用，因为脊椎骨两端都有一个凹孔。早在 1938 年，地质学家卞美年便由禄丰农民手中的油灯追猎到这种恐龙。

除了这个禄丰龙化石点，禄丰县还有一个超炫的化石点——川街化石点，7 条大小不一、个体都超过 10 米的川街龙，压死了一条肉食龙，还附送了 5 个蛇颈龟化石。这是不是让你感到困惑，陆地上的恐龙怎么会和水生的蛇颈龟呆在一起？这是异地埋藏。这片土地以前很可能是潮湿的沼泽和小山包，有的恐龙深陷淤泥深埋于此，有的则是在上游死亡之后，随着偶发的山洪被冲积到下游，它们和蛇颈龟的残骸掺杂在一起，被泥沙掩盖，深埋于地下，直到现在才重见天日。

▲ 横跨在两个恐龙足迹之上

▲董先和教授在新发现的恐龙墓地探寻

记得川在街化石点一号保护房里，我们曾挖掘到一具长 18 米的川街龙，它躺在地上近 2 米的大腿骨比我还高，蜿蜒的脊椎骨诉说着它生前的庞大，也诉说着灭亡时难以抵御的悲伤，最撼人的是这条

▼川街龙复原图（图片选自航空工业出版社：《恐龙真相》）

川街龙躯干中部还压着一具近 7 米长的肉食恐龙化石。究竟是埋藏所致，还是生命最后一刻的生死搏击？我不得而知，只知道这穿越时空的宿命在眼前重现着，展示着生命的壮美和残酷。

第四乐章

果园

视觉的震撼，仅是寻找恐龙化石漫长过程中众多鲜美果实中的一颗而已，寻龙最大的甜蜜与乐趣在于发现的过程。我印象中最深刻的，应是2004年随古脊椎所辽西队在荒凉的肃北黑戈壁的挖掘。那一次，着实让我盛赞运气这东西。

黑戈壁地区位于天山造山带的东段，其腹地是我们的目的地——布咚湖芦斯泰，一个"有野马、骆驼生活的茂密芦苇地"。挖掘进行了一个多月，那天，戈壁下了一场大雨。大雨是古生物学家的朋友，它能够冲走浮土，有可能让化石展露出地表。

大本营对化石点的发掘已经进入收尾阶段，石膏包都抬到空地上准

▼去戈壁滩必须经过边防

▲抵达戈壁滩

备搬运了。所以我与周忠和老师准备到更远的地方转转，看看能不能寻找到新的化石点，往往大雨后会有很多化石被冲出到地表。

在漫无边际的戈壁行走是一件很辛苦的事情，倒不是费力气，而是在空旷的原野上让人觉得没有目标。

不知不觉中，我绑在腰间的沙漠迷彩服掉落在地，过了好久才发觉，不得不硬着头皮回去找。在戈壁沙漠中找沙漠迷彩服是一件忒痛苦的事情，循着来时的脚印，我和忠和老师慢吞吞往回走，许久无获。

我低头无聊地看着沙地上闪着黑色光芒的砾石，不经意地抓起一把沙砾，仔细看着，吹去上面的沙土……啊，椎体！居然有一枚小小的恐龙椎体，就在我手上！再仔细看看，周围还有更多，天啊，我们闯进了一个新的恐龙墓地！应该是某种小型角龙类的化石，这些恐龙是群居的，附近肯定有很多！我们从下往上找，顺着雨水冲刷流动的方向寻找……

不　一会儿，我们便找到了几十枚椎体，一把肢骨、肩胛骨，还有一个可能是哺乳类的东西。我看到了一个闪亮的黑点，旁边还露出一块构造复杂的骨头。我和忠和老师轻轻地刷去上面覆盖着的沙土，化石渐渐显露原形，一个角龙类恐龙的下颌骨展现在我们面前。一排黑亮的牙齿非常完美！

落日时，我们已经捡到许多零散的骨骼。我们都十分欣喜，这可是极难得的际遇，忠和老师在圈内数十年，这样的亲历也是第一次。在这梦境般的宝地，捡化石就似在丰收的果园中收获一般，如此让人心动不已，身上满是突至的运气带来的意外惊喜。

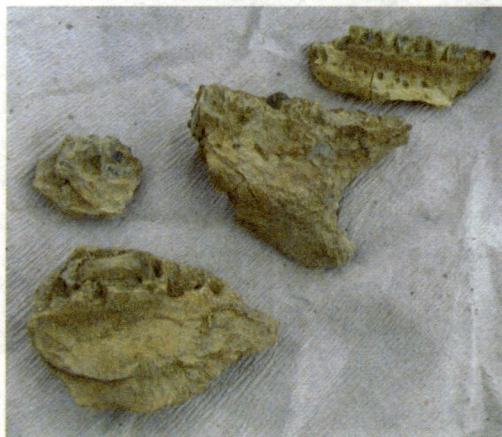

▶ 小型角龙类的颌骨化石

▶ 戈壁滩的蜥蜴，它可是与恐龙同类的生命呢

PART 2

恐龙是怎样炼成的

　　许多爬行动物在它们的一生当中是持续生长的，年龄越大，体积越大。这反映在细胞替换上，我们人类，当到达成年时就停止了生长，某些细胞死去不再替换新生，而爬行动物却在从未停止生长的情况下，持续地更替细胞，也就是说，它们一直生长着。所以现在零星发现的一些巨大化石，比如美洲发现的一个高达 2.4 米，约有一扇门那么大的蜥脚类脊椎化石，可能就是某种已知蜥脚类的长寿版，并非什么新品种。

第一乐章

胞胎篇

占据着整个中生代大陆的恐龙品种繁多，各式各样的恐龙都有自己的生活方式。其成长过程错综复杂。不过，如果从宏观入手，恐龙的"流水线"上至少有6个流程：胞胎、发育、求偶、交配、生育和死亡；在微观上，我会按照化石证据来介绍各个细节，力求还原一个真实的恐龙时代。

胞胎是生命之始，但最初科学界还在争议恐龙是否卵生。直到1923年，美国纽约自然史博物馆第三次中央亚细亚考察探险队出发到

▼这些史前大物，是卵生还是胎生的呢？（图片选取自航空工业出版社：《恐龙真相》）

▲发现场面的特写，欧森和安德鲁斯正在查看恐龙蛋（摄影／J.B. Shackelford)

蒙古搜集化石。

1923 年 7 月 12 日上午，队员欧森在营地附近发现了恐龙蛋，这是世界上第一次有人发现恐龙蛋。激动万分的欧森跑回营地，兴奋不已地对队长安德鲁斯说："恐龙蛋！恐龙蛋！"结果却被大伙嘲笑说他找到的是石土豆。第二天，在欧森的一再坚持下，安德鲁斯才到了化石点，结果他发现这确实是恐龙蛋，而且蛋的主人是原角龙，附带的还有窃蛋龙化石。

这是一次里程碑式的发现，从此我们知道了恐龙确实是卵生的。

欧森推倒了第一块多米诺骨牌，此后不久，古生物学家在世界各地都发现了各种恐龙蛋，像在中国河南西峡、广东河源两地就发现了数万枚。恐龙蛋何其多，但其中含有胚胎的却是极为罕见的。胚胎能告诉我们很多珍贵的信息，比如恐龙最初的发育状况，破壳后的活动能力

▼世界上第一枚恐龙蛋的发现场面（摄影／J.B.Shackelford)

等。目前各地已发现的恐龙胚胎仅有十多种，如原角龙、窃蛋龙、大椎龙、慈母龙、亚冠龙和暴龙类等。

蛋中挑骨，骨中看龙。

恐龙胚胎在破壳前后有两种情况：一种是出壳后就有了独立生活的能力，如暴龙类、镰刀龙类的慢龙；另一种是出壳后还需要双亲照顾一段时间，如鸭嘴龙类的慈母龙、亚冠龙和赖氏龙。我们判断小恐龙是否能独立生活，主要看幼龙出壳之初的钙化软骨占总数的比例。比如慈母龙与亚冠龙的这个比例分

▲产于中国的特暴龙蛋，整个暴龙类只有特暴龙留下了蛋化石

别是 74% 与 72%，此外都约有 10% 完全骨化，两种组织间的差距高达 7 倍，这就是说幼龙的骨骼关节还处于半发育状态，软趴趴的，根本无法站立或跑动，只能依赖双亲养育，这时候的幼龙也毫无抵御天敌的能力，全凭运气行走江湖。

▼窃蛋龙蛋皮特写，仔细看的话可以看到上面密密麻麻的气孔

第二乐章

发育篇

恐龙出壳之后就开始发育，不过恐龙的生长速率不是匀速的，它的"青春期"膨胀得非常惊人，这可以从恐龙骨骼横切面那些类似年轮的构造中看出。当我第一次看到鸭嘴龙类的蛋时，只觉得恐龙时代真是疯狂，疯狂年代疯狂事，一颗直径最多 25 厘米的恐龙蛋，居然能长出 10 米长的大恐龙。这其中可举的例子太多，这里暂且说说植食、肉食两大阵营的代表：梁龙与暴龙。

▼暴龙的生长情况，其最大的生长速率可以达到每天 2.1 千克，而亚洲男子的平均最大生长速率仅仅是 0.02 千克。这个图表中，暴龙还与惧龙、蛇发女怪龙、阿尔伯特龙做了对比，相比之下，暴龙这个老大哥还是长得最快的

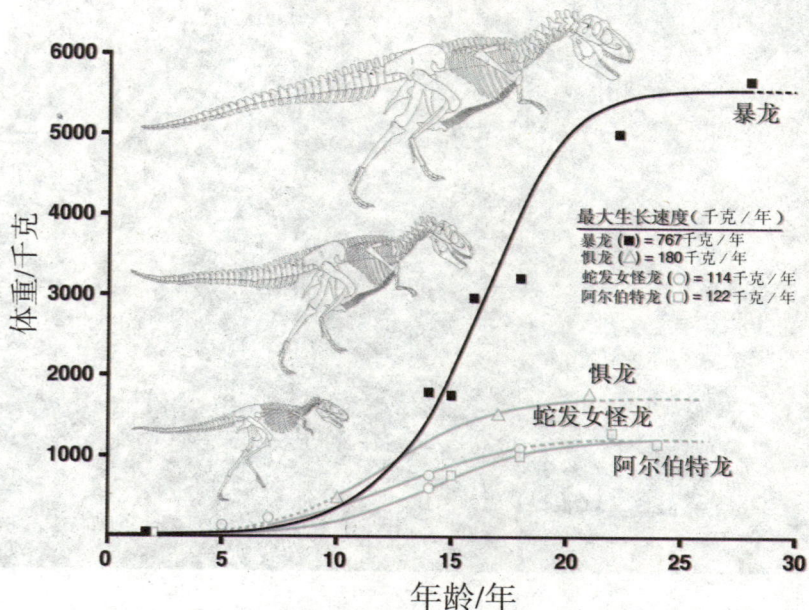

最大生长速度（千克／年）
暴龙 (■) = 767 千克／年
惧龙 (△) = 180 千克／年
蛇发女怪龙 (○) = 114 千克／年
阿尔伯特龙 (□) = 122 千克／年

梁龙一出生就跌宕在腥风血雨中，它们的幼龙绝对是疯狂生长：出壳时约1米长，除去细长的尾巴与脖子，躯体并没有多大。但第一年末，幼龙的长度就增加3倍，体重可达0.5吨；第三年体长可达10米，而体重增至3吨左右；第十年体长已达27米，重20吨以上。此时的梁龙基本上可以有效地保护自己，所以发育速度开始减慢。实际上，如果真如此发育，梁龙幼龙的童年基本是不停嘴的，除了睡觉都在进食，其食物从地钱、石松、苔藓、蘑菇到大小蕨类，几乎无所不包。

而作为生物链顶端的暴龙，出生后就开始不消停地捕猎，其生长速率也相当惊人：十几岁的暴龙平均每年增长767千克，这样的生长速度能持续4年多的时间。胃口良好的暴龙在14岁到18岁期间能增加近3吨，到成年时，它的总体重在5吨以上。

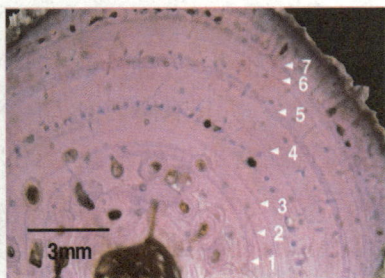

▲暴龙化石横切面，可以看到1~7岁的发育速度

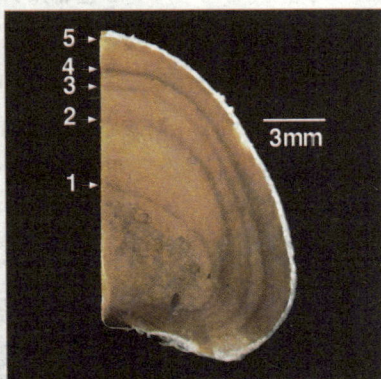

▲暴龙化石横切面，可以看到1~5岁的发育速度

►「苏」肋骨化石横切面，可以看到13~19岁的发育速度

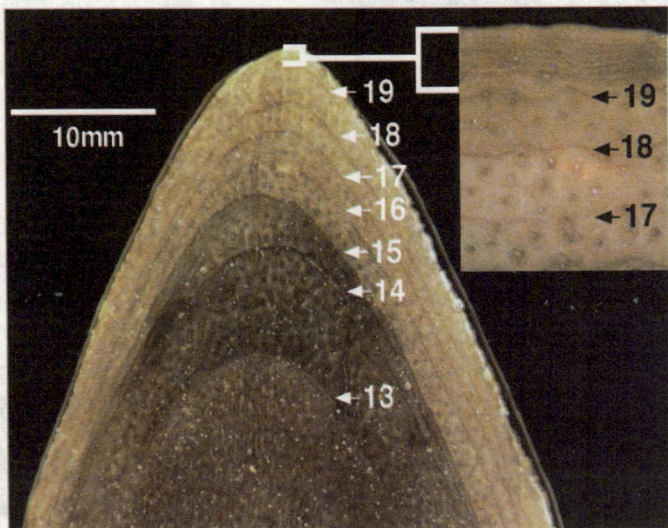

对比这两种出壳后以自主生存为主的恐龙，需要被照顾的恐龙的发育一点也不慢，比如一出生就被捧为"爪"上明珠的慈母龙，其大腿骨随着成长的变化大约是：胚胎时 6 厘米，6 周时 20 厘米，1.5 岁时 53 厘米，3 岁时 58 厘米，4 岁时 80 厘米。由此看来，那些大部队活动、所面对的风风雨雨有父母帮其承受的恐龙也有危机意识，甚至要增加自身的发育速度才能更好地保护自己。

此外，还有一点不能忘记。

许多爬行动物在它们的一生当中是持续生长的，年龄越大，体积越大。这反映在细胞替换上，我们人类，当到达成年时就停止了生长，某些细胞死去不再替换新生，而爬行动物却在从未停止生长的情况下，持续地更替细胞，也就是说，它们一直生长着。所以现在零星发现的一些巨大化石，比如美洲发现的一个高达 2.4 米、约有一扇门那么大的蜥脚类脊椎化石，可能就是某种已知蜥脚类的长寿版，并非什么新品种。

◀4 岁时，80 厘米

◀3 岁时，58 厘米

◀1.5 岁时，53 厘米

◀0.5 岁时，41 厘米

◀6 周时，20 厘米

◀3 周时，12.5 厘米

◀胚胎时，6 厘米

▲慈母龙大腿骨的成长变化

▶慈母龙照顾幼龙的场景模型

第三乐章

求偶篇

当恐龙成年，自然而然就会发情求偶。最近有这么一个观点，说生命进化更大的动力是源自性选择。那么亿万年前的爱情会是什么样子的呢？其实各种恐龙都有自己独到的求爱仪式。

鸭嘴龙类的恐龙可能是靠"乐器"来吸引雌龙。比如，副栉龙长有

▲副栉龙头骨电脑复原模型

一个独特的脊冠，这个脊冠长在鼻骨上，里面充满腔道，空气从鼻孔吸入，经过腔道到达肺部，这就构成了一个呈管状的发声器。最近，美国新墨西哥州自然史博物馆和山迪亚国家实验室的研究人员按此构造做了一个脊冠的精确模型，吹奏时能产生非常奇特的共鸣声音，像极了阿尔卑斯山麓吹奏长角号的声音。这种声音不仅可以使副栉龙相互识别、预警，而且可以在繁殖季节为心上龙吹上一曲史前恋曲呢。

肿头龙类则可能比较粗鲁。但可以打包票的是，它们肯定是用厚重、装甲带刺的脑袋来互殴以争夺异性，就与今天山羊在求偶季节的行为类似。不过，最

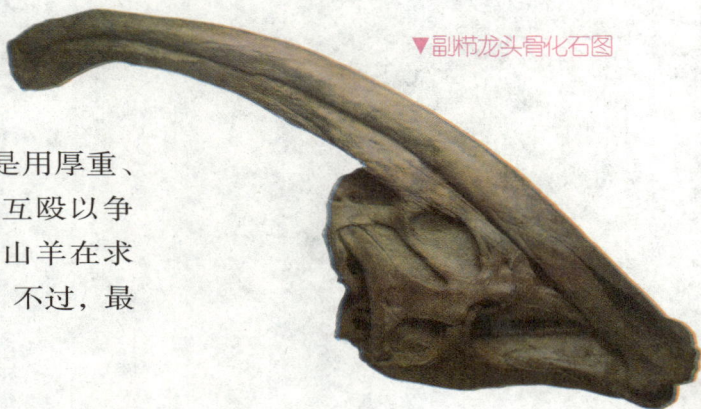

▼副栉龙头骨化石图

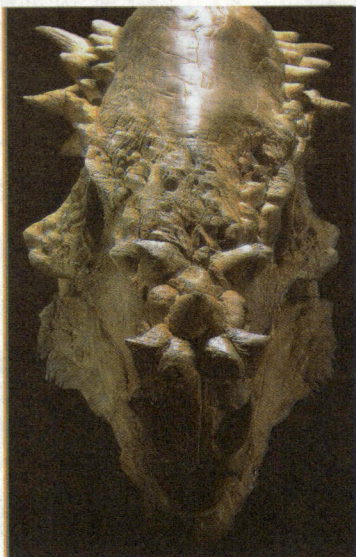

▼肿头龙的头骨特写

近有一份报告指出，肿头龙的脑袋不能彼此撞击，否则会导致严重的脑震荡，而应该是撞击对方的身体，这样效果更佳，也不容易致命。

角龙类，例如三角龙、五角龙和开角龙等，它们应该也像肿头龙那般互撞，有点类似今天求偶季节的雄性麋鹿，将角互锁、撞击、推、挤。此外，它们还有更重要的炫耀资本，那就是它们角后的盾板，高大的盾板很可能有着极为艳丽的色彩，就像孔雀尾那般吸引眼球。

至于那些大块头、长脖子、长尾巴的蜥脚类，它们应该不会粗鲁地互撞。20世纪80年代后期，有一种观点认为，这些离奇的尾巴是用来求爱或交流的。

▼有着高大盾板的开角龙，其艳丽的色彩，就像孔雀尾般吸引眼球

　　比如梁龙，它们有 40~50 个小尾椎，尾部最后 2 米的横截面宽仅 32 毫米，重量大约 2 千克。研究人员通过计算机模拟的研究显示，如果它们挥动尾巴，末端的速度可以超过声速，或许能够产生一些类似于鞭子发出的啪啪声，但是比这些啪啪声快上 2 000 倍。而且，其尾巴的基部经常可以发现一些病理性的损伤，这可能是受到多次重复运动的严重挤压所致，很可能这就是求偶时用来抽打对方所造成的。

　　长号、撞击、鞭打，这就是恐龙时代一部充满情趣的远古罗曼史。

◀五彩冠龙艳丽、夸张的脊冠想必也是为求偶而生

第四乐章

交配篇

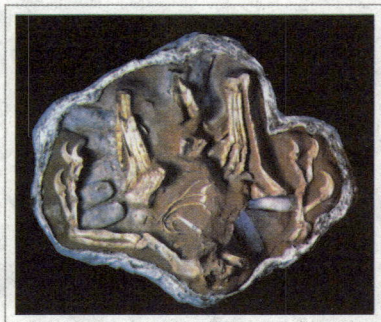

古生物学家，尤其是恐龙学家，还有世界各地博物馆的讲解员、保安，说他们被问到有关恐龙生殖的问题远多于其他主题。尤其是国人对性方面更难于启齿，当想到两只80吨重的腕龙在交配，实在也叫人失语，但这依然是必须严肃面对的话题。

但首先要说明一点：人类迄今还没有看到过一件恐龙的生殖器化石。所有的所有，仅仅是假设！

从同是爬行动物的基点出发，我们推测恐龙的生殖应该与今天的爬行类差不多。

无从了解的恐龙内部或外部器官的构造

不过，事实上我们没有任何方法去回答有关恐龙生殖的特定问题。主要原因是软组织极难形成化石，以前曾经有一个报道说"河源发现雄性恐龙生殖器化石"，这全然是一个闹剧，那明明就是一段指骨。反正我们迄今还不知道恐龙内部或外部器官的真正构造，也全然无法了解到两只80吨重的腕龙如何正确地去交配，反正它们就是以腕龙的方式完成了。要知道，腕龙这一个属本身就存活了约2500万年之久呢！

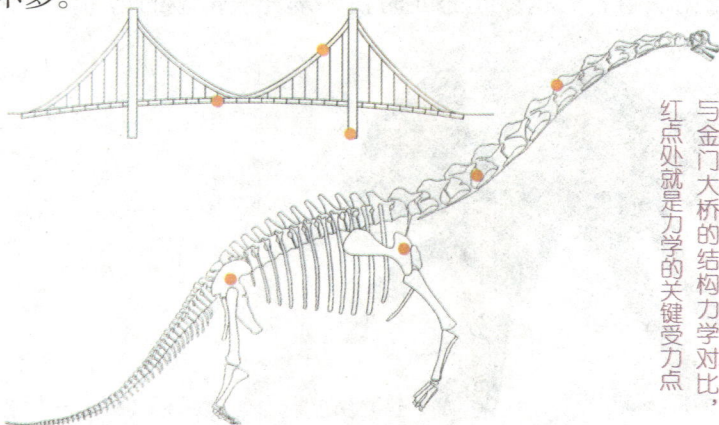

▲以腕龙为代表的蜥脚类恐龙与金门大桥的结构力学对比，红点处就是力学的关键受力点

禽龙交配的场景复原图

雄龙都有一对生殖交接器，称为半阴茎，平时都藏在尾巴基部，也就是泄殖孔后方的空腔内。此外，有一类恐龙可能不用透过有性生殖即交配受精的方式产生下一代，这种生殖方式称为孤雌生殖或单性生殖。《侏罗纪公园》里面那句经典台词"生命自会寻找出路"就是在这里体现的。这类恐龙通常仅有单一的性别，只要环境合宜，卵巢在进行减数分裂后染色体会倍增，形成双套染色体的卵。

现在你可以想象一下：两只80吨重、正在交配的腕龙，会是那么震撼！80吨 VS.80吨的概念相当于两群各16头体重为5吨的非洲象高速互搏，这场景确实让人失语。很可能的姿势是，雄腕龙以尾部当作前腿腾空时的第三个支撑点，配合两腿组成"三脚架"状。因为只有让尾部承受一部份体重，腕龙的交配姿势才可能成立。交配时它们发出的声音，包括叫声与撞击声，想必也震耳欲聋，绝对让人类自惭形秽。

至于兽脚类中的暴龙（你们喜欢叫作霸王龙），本以为没人会去想这个不着边际的问题，岂料有一年，我却在西班牙阿斯图里亚斯侏罗纪博物馆看到了这一令人目瞪口呆的场景：两件暴龙装架呈正在交配状，这肯定是世界独一例，而且它们用的是背入式体位：母暴龙趴伏着，小小的、只有两指的前臂差点就碰到了地面，而臀部高耸，公暴龙则是双腿站立。我有点佩服它的装架师，因为背入式是从生理解剖上讲最接近完美的性交方式，它通用于哺乳动物（自然也适用于人类），甚至恐龙。

▲暴龙交配的场景装架，陈列于西班牙阿斯图里亚斯侏罗纪博物馆，这肯定是世界独一例

在另外的兽脚类中，比如小盗龙，既然它们的一支与鸟类关系极为密切，那么其交配方式也可以从现在的鸟类身上去寻找答案。鸟类是通过生殖器官的短暂接触进行交配的，但它们的交配好似要杂技。回溯小盗龙，雄龙可能一边保持平衡一边爬上雌龙的背，它们一起拍打双翅，使身体在几秒钟之内保持稳定的姿势，雌龙尾巴翘起，雄龙尾巴向下，运动，搞定。甚至参照鸟类，有的盗龙类可能可以在空中完成交配。

第五乐章

生育篇

　　我们没有恐龙交配的录像带，当然也就不知道恐龙妈妈如何生产龙宝宝的实况。但这个情况却不像交配那样基本靠想，全托了恐龙蛋巢遗迹的福，我们可以得知部分恐龙的生育方式及孵化情况。

　　恐龙是靠下蛋来繁殖后代的，在1922年欧森找到那些被讥讽为"石土豆"的恐龙蛋之前，学界有部分人认为恐龙是卵胎生的，就是在体内孵化后再生产出来，不然他们无法想象存在过这么庞大的蛋，毕竟恐龙是那么庞大的动物啊！可惜的是，恐龙蛋并不大，最大的恐龙蛋你也能轻松抱起。那恐龙是怎样下蛋的？

　　打打官腔，因为恐龙家族庞大，种类繁多，不同种类的恐龙在下蛋方式上肯定会有很大的不同，甚至相同品种在不同地域也有不同的下蛋方式。

▼中国江西一具雌窃蛋龙体腔内发现两颗保存完整的带壳蛋

▼聪明的伤齿龙

▲窃蛋龙的蛋窝，上面有4颗蛋

伤齿龙，就是那种被誉为延缓哺乳动物进化几百万年的、很聪明的恐龙。生活在北美的伤齿龙会把蛋产在刚干涸的湖底或沼泽地的湿润泥土里，靠输蛋管向下蠕动的力量轻松地把蛋深深插入泥土中，就像你在蛋糕上面放草莓一样。而生活在中国的伤齿龙是选择水边的沙土地作为下蛋地点，它们先用爪子在地上刨出一个坑，然后蹲坐下来使身子呈直立或半直立状态，并把蛋产入蛋坑松软的沙土中，之后再用沙土小心地把这些蛋埋起来。

窃蛋龙类的下蛋方式则介于爬行类与鸟类之间。古生物学家在中国江西一具雌窃蛋龙体腔内发现两颗保存完整的带壳蛋，证实窃蛋龙所属的兽脚类恐龙拥有双输蛋管的构造。

这个构造介于现生鳄鱼和鸟类之间。它和鳄鱼一样拥有双输蛋管，却安排每条输蛋管一次生一颗成熟蛋，这反而比较像仅有单输蛋管的现生鸟类。从这点可以看出，我们此前经常一厢情愿地拿爬行类或鸟类来类比恐龙是一件很轻率的事情。

▶现生鸟类的繁殖

至于蛋巢，最典型的莫过于慈母龙所建造的。慈母龙的拉丁文学名为 Maiasaura，被引申为慈祥的母亲。纵观整个古生物历史，也就这么一次，恐龙的属名被指为雌性的属性——字尾是雌性的 saura 而非雄性的 saurus。慈母龙之所以被引申为慈祥的母亲，是因为其化石的旁边有一个近于碗状的土丘窝巢，窝巢中有 15 只慈母龙幼龙，大约 1 个月大，它们的牙齿已磨损，这就验证了是母亲在照料幼体，或者将食物带到巢内，或者带它们到巢外觅食再回到窝巢。

慈母龙建造的盆状蛋巢直径约 2 米，下面垫泥土和碎石，蛋的上面盖了一些植物，用以保持一定的温度，让蛋自然孵化。

除了慈母龙的自然孵化，还有自动孵蛋的假说。证据是蒙古发现的窃蛋龙骨骼就趴在一窝恐龙蛋上面。像许多现代鸟类的巢穴中那样，它身下的 22 颗蛋排列成一个圆形。只见窃蛋龙把两条腿紧紧地蜷在身子的后部，这与现代鸡孵蛋的姿势完全一样。此外，它的两只前肢伸向后侧方，呈现出护卫窝巢的姿势。但最近该假说遭到挑战，新理论认为，窃蛋龙是蹲伏在预先建造的蛋巢中心，定期回到窝里，每次生出成对的蛋，并依 3、6、9 和 12 点钟的方位，排成多层环状序列，再用细沙覆盖，利用炙热的白垩纪阳光让其自然孵化。

这两个说法谁也说服不了谁，但都足以说明，发展到中生代后期的恐龙，确实已经有一套非常实用的生育方式，来使自己的后代远播五湖四海呢。

▼ 慈母龙筑巢、产蛋的过程

▲ 用强有力的后肢挖土，然后把土隆起

035

▲ 用短的前肢在巢中挖一个凹处

▲ 产下约 25 颗蛋

▲ 在蛋的上面加上叶子和小树枝

第六乐章

死亡篇

恐龙也样会受伤，伤得太重就会死掉。可以这么说，保存下来的化石，只有极少一部分是老死的，基本都是因为生病、被咬、互搏、中毒、塌方而死，所以古生物学家很多时候都要充当侦探：在看似平淡无奇的化石里，死因就像一条红线，贯穿在中间，古生物学家的责任就是去揭露它，把它从石头中清理出来，彻底地加以暴露。

鸭嘴龙会得癌症。美国东北州立大学的研究人员就在鸭嘴龙的骨骼内发现了肿瘤的存在：97 块鸭嘴龙骨骼中足足有 29 个肿瘤。这可能与当地针叶树木中富含致癌物质有关。总之，这些可怜的鸭嘴龙长期忍受着病痛。

▼暴龙的牙病，在暴龙苏的大嘴巴里，可以看到还有一些不足 5 厘米的异常牙齿

暴龙会得牙病。在暴龙"苏"的大嘴巴里，可以看到还有一些不足 5 厘米的异常牙齿，它们已经扭曲，齿上的锯齿也磨平了，呈现出病态的黑灰色。这可能是苏的牙病，或者是牙床曾经受到重伤，比如被同类或者肿头龙顶了一下，导致牙齿畸形。但苏发育晚期细密的生长线表明，它已经完成了生长，死在 28 岁那年。

恐龙妈妈微量元素中毒，这可以在中国河南西峡的成千上万颗恐龙蛋中找到源头。古生物学家对恐龙蛋及蛋化石的切片进行观察和分析，发现很多蛋化石是完整如初的，表面没有丝毫裂痕，说明在当时就是未经孵化的蛋，而且切片观察里面还没有幼年胚胎，既没有胚胎又没有孵化，其中必有隐情。最后通过综合分析，认为是恐龙妈妈的微量元素中毒所致！其体内的铱、锶等元素含量过高，导致大量恐龙蛋不易发育孵化。

▼这些史前的庞然大物，一旦受伤跌倒，那将是致命的！（图为异特龙复原图）

最有趣的可能是大奥（Big AL）的死亡。大奥是 1991 年发现的一具异特龙化石。大奥是一个未成年个体，95％的完整度，长8 米。其中 19 块骨头有损伤，或是显示出疾病的痕迹。

英国广播公司（BBC）为此专门拍摄了《大奥传奇》。这部记录片极为经典，古生物学家通过伤痕累累的化石来还原大奥的一生。高潮是雄性大奥在求偶中失败，被体形较大的雌异特龙抛弃，不过拍出来的效果却更像雌异特龙在躲避流氓。最后，大奥在一

▲1991 年发现的未成年的"大奥"化石及复原图

▲身形巨大的恐龙一旦陷入泥沼而无法捕食，那等待它的就只有死亡了

次捕猎中不幸后腿骨折，这就意味着伤好之前它无法捕猎，这是致命的，于是体型巨大的大奥最终饿死在沙滩上。

在BBC"与恐龙同行"的专题网站上，还有一个叫作大奥的小型养成类游戏。你可以控制一只小异特龙走路、捕食，长大后甚至可以去找雌性异特龙示爱。我玩了好几次，最好纪录是长至 2 吨，但后来陷入泥潭死了（这也是很多恐龙死亡的原因）。

以上就是恐龙生长的过程，这些神奇而壮丽的生命，绝对值得我们在内心深处为其激赏。转瞬间，它们已穿越时空，但那拉长的背影，却在我们心中激荡不去……

现在恐龙研究还有诸多未解之谜与缺失的环节，这有赖于新研究方法的提及新化石的发现。探索之漫漫，此时的我们需要你的援手，因为充满好奇心与想象力的你，才是恐龙学的大未来！

▼记住这些神奇而壮丽的生命吧！ （图为马门溪龙复原图，选自航空工业出版社：《恐龙真相》）

杂记

　　华夏遍地"恐龙蛋"。很多人、很多人、很多人都把野外地层里经常看到的圆形的、表面带有沙砾的石头当成恐龙蛋，并珍藏在家中，视为珍宝，自然，很多记者也经常宣扬这些"重大发现"。其实，这些石头根本不是恐龙蛋，而是含碳酸钙的钙质结核，在破裂的结核中间，还能看到黑色或红色的色晕圈。可笑的是，当我们告诉"收藏家"这不是恐龙蛋时，他们还经常把色晕圈当成"蛋黄"留下的痕迹，用"里面的蛋黄和蛋清也保存得特别好"来反驳我们，最后还撂下一句："凭什么你说不是恐龙蛋就不是！"

中华龙鸟化石局部

第一乐章

又闻中国蛋被拍卖

前几天听美国朋友说 2006 年 12 月 3 日洛杉矶要拍卖一窝恐龙蛋化石，化石来自中国广东河源晚白垩世地层，问我价值如何、意义大否等。据说恐龙蛋窝中共含有 22 颗恐龙蛋，每颗蛋长约 12.7 厘米，宽约 7.6 厘米，其中 19 颗含有初具雏形的恐龙胚胎。据悉，这是迄今为止世界上保存得最完整的恐龙蛋窝，其成交价格在 18~22 万美元。

▶被拍卖的整窝的恐龙蛋

▼我的化石收藏

这位老兄是有名的化石收藏家，家里购买的中国化石都可以建一个博物馆了，当然，化石都是来路不明的，更直白地说，那些都是走私货！

试想一下，一块 5 元钱的普通狼鳍鱼化石，经过几轮转手，到了国外买家的手中，价格就会涨至

12~30 美元。如果是带毛恐龙、鸟类或带胚胎的恐龙蛋，更是层层加码，最终价格可能在 10 万美元以上。暴利的驱使令化石贩子挖空心思不断开辟不同的收购和走私路线，在我多年的接触中，了解到目前化石走私出国有 3 条主要途径。

第一条路是铁路。成集装箱的化石被运往广州东站，再转至深圳火车站。随后，大型货柜车装载集装箱经深圳蛇口海关进入，化石可以自由买卖和出口到香港，再从香港流散到世界各地。为了蒙混过关，走私贩往往会为大宗化石货品专门注册一个皮包公司，如某某建筑石材贸易公司等，并将装有化石的集装箱与建筑石材、陶瓷等货品巧妙地混装在一起，从而"顺利"报关出境。

第二条路是公路。装有化石的车队经 101 国道至北京，再选择路况较好的 106 国道经广州开往梧州。在这里，根据路况好坏和临时检查站的设置情况，走私车辆沿 321 国道或 207 国道前往桂林。桂林目前已经变成了一个巨大的化石走私集散地。在这里，来自贵州的鱼龙、来自甘肃的古代哺乳动物化石、来自河南西峡的恐龙蛋和来自辽西的化石被大量囤积，它们通常都会自防城港转运到越南境内。

▲ 北票龙化石图

第三条路与第二条路大致相同，只是目的地变成了惠州市惠东县或汕头市潮阳区。此后，通过雇佣当地渔船或由集装箱夹带等方式，偷运到香港。

通过这三条路线，到底有多少化石流落到了国外？没有人能给出答案。2004 年 6 月上旬，澳大利亚联邦警察采取联合行动，仅从珀斯市的一个

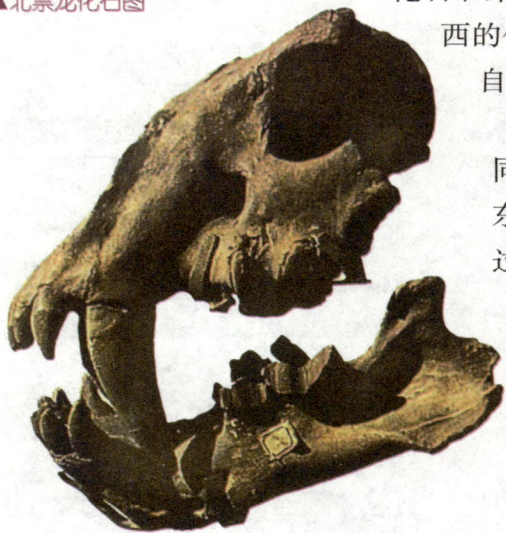
▲ 此般愤怒，难道是为了人类的贪欲？（图为剑齿虎头骨化石）

收藏家和两个商店中，就收缴了 1 300 多件从中国走私而来的恐龙蛋、鸟类和鱼类化石，总重约 20 吨。而在 6 月 24 日，美国纽约举行的 Guernsey´s 拍卖会上，虽然拍卖方声称所有化石均从原产国以"合法"途径获得，但其中出现的多块化石显然来自中国。其实，每一次大型的恐龙化石拍卖，总能听到中国化石的"呻吟"。

在暴利面前，中国古生物学者是多么无力！但事情总会向好的方面发展，比如这一次中国古脊椎动物学会第十次年会，就通过了"三明宣言"来保护化石，呼吁尽快制定《中华人民共和国古生物化石保护法》及其实施细则等。美好的愿望存于每一位古生物学者心中，也相信一定会变为现实。期待法律尽快制定，执法尽快到位！

▲尖嘴兽化石

▼由于利益的驱动，中国每年都会有大量的化石被走私出境，这便是其中的两件鹦鹉嘴龙化石

第二乐章

科学记者的逆袭

考古学

考古学是根据古代人类活动遗留下来的实物史料研究人类古代情况的一门学科。它是历史科学的一个分支。实物史料即各种遗迹和遗物，大多埋藏在地下，考古工作者通过发掘它们进行研究，阐明古代的社会经济状况和物质文化面貌，进而探讨社会历史发展的规律。对于复原没有文字记载的原始社会和少数民族古代历史，考古学有着极其特殊的作用。

古生物学

古生物学是研究地质历史时期生物发生、发展的形态、构造、分类、生态、分布、演化等规律的学科。研究的对象是保存在地层中的生物遗体和遗迹——化石。运用古生物学的研究资料，可确定地层形成的先后顺序，阐明地壳发展的历史，推断地质历史时期地球上水陆分布和气候变迁情况，阐明生物的起源与演化，搞清多种沉积矿产形成与分布的规律，指导矿产资源的寻找和勘探。根据研究的对象，可分为古植物学和古动物学两大分支。

在开始我们新一轮恐龙之旅之前，不妨谈一谈科学记者。

科学记者是古生物新闻的传播者，也是公众了解古生物资讯的主要途径，毕竟我们国内的古生物科普作家还担不起这个重任。我也不是要批判科学记者对古生物新闻的夸张报道，毕竟新闻就是要噱头，且新闻也不是科普文章，没有理由去要求多么严谨，虽然之前经常看到什么小猫长翅膀、将鼻涕虫说成没有壳的蜗牛之类的文章。而取题《科学记者的逆袭》，主要是想澄清一些古生物报道中经常出现的硬伤。

考古学家，这是最常见的一个谬称，我们看了都很窝火，我们什么时候变成考古学家了？

考古学与古生物学（或古人类学）是完全不相统属的两门学科。考古学研究 200 万年以内的人类活动遗存，重点是 1 万年以内的。古

热河生物群内发现的狼鳍鱼化石

生物学研究的是亿万年以前生活过的一切生物（包括人类自身），当然，途径是通过其所形成的化石。虽然二者在 200 万年间有重叠，但其着眼点却有极大差别。

翼龙、恐龙、海龙。经常可以看到"这种水里恐龙……""天上飞行的恐龙，翼展……"之类的句子，最常见的就是把翼龙、海龙等也称呼为恐龙，难道就是因为它们也带了一个"龙"字？

什么是恐龙？恐龙出现在距今 2.3 亿年的中生代晚三叠世，直到距今 6 500 万年的晚白垩世灭绝，它们是生活在陆地上的爬行动物，而同时代的翼龙、海龙等则占据着天空与海洋，它们是恐龙的远亲近邻。

总是不断改写鸟类起源，这可真是要命。"据××都市报报道，出自丰宁的××××鸟要早于在德国发现的始祖鸟，天下第一鸟应该

▼这脖颈长长的家伙是恐龙吗？不是！这是海洋爬行动物中的一种——长颈龙

是'××××鸟',而不是在德国发现的始祖鸟。"这类报道经常见诸报端,拜托,"天下第一""最古老"的化石哪有这么容易经常发现?请不要把一些古生物学者口中的"可能""有希望""或许是"去掉。而且,最重要的是,请消除你脑中那些关于古鸟类的争论,牢牢记住,迄今为止,始祖鸟仍是最原始、最古老的古鸟类。

▲一枚据称出土于中国的恐龙蛋窝化石,被走私到美国,在宝龙伯得富拍卖行以42万美元的高价成交。中国外交部发言人表示,中国政府将对此进行调查,并可能向美方提出追讨

华夏遍地"恐龙蛋"。很多人、很多人、很多人都把野外地层里经常看到的圆形的、表面带有沙砾的石头当成恐龙蛋,并珍藏在家中,视为珍宝,自然,很多记者也经常宣扬这些"重大发现"。其实,这些石头根本不是恐龙蛋,而是含碳酸钙的钙质结核,在破裂的结核中间,还能看到黑色或红色的色晕圈。可笑的是,当我们告诉"收藏家"这不是恐龙蛋时,他们还经常把色晕圈当成"蛋黄"留下的痕迹,用"里面的蛋黄和蛋清也保存得特别好"来反驳我们,最后还撂下一句:"凭什么你说不是恐龙蛋就不是!"

以上几点,还请科学记者等各路英雄引以为戒。

▶始祖鸟化石

047

▼时间：2005-5-13
地点：古脊椎所走廊深处
人物：我
事件：这是一起亿万年前的凶杀案，成年满洲鳄把刚出生的一群小满洲鳄屠杀殆尽，并图图吞下它们的脑袋？还是一位怀孕的母亲难产而死？……诡异的瞬间被凝固在这片页岩上，沉淀的命案在古生物学家手下侦破。古生物学是不是很刺激？

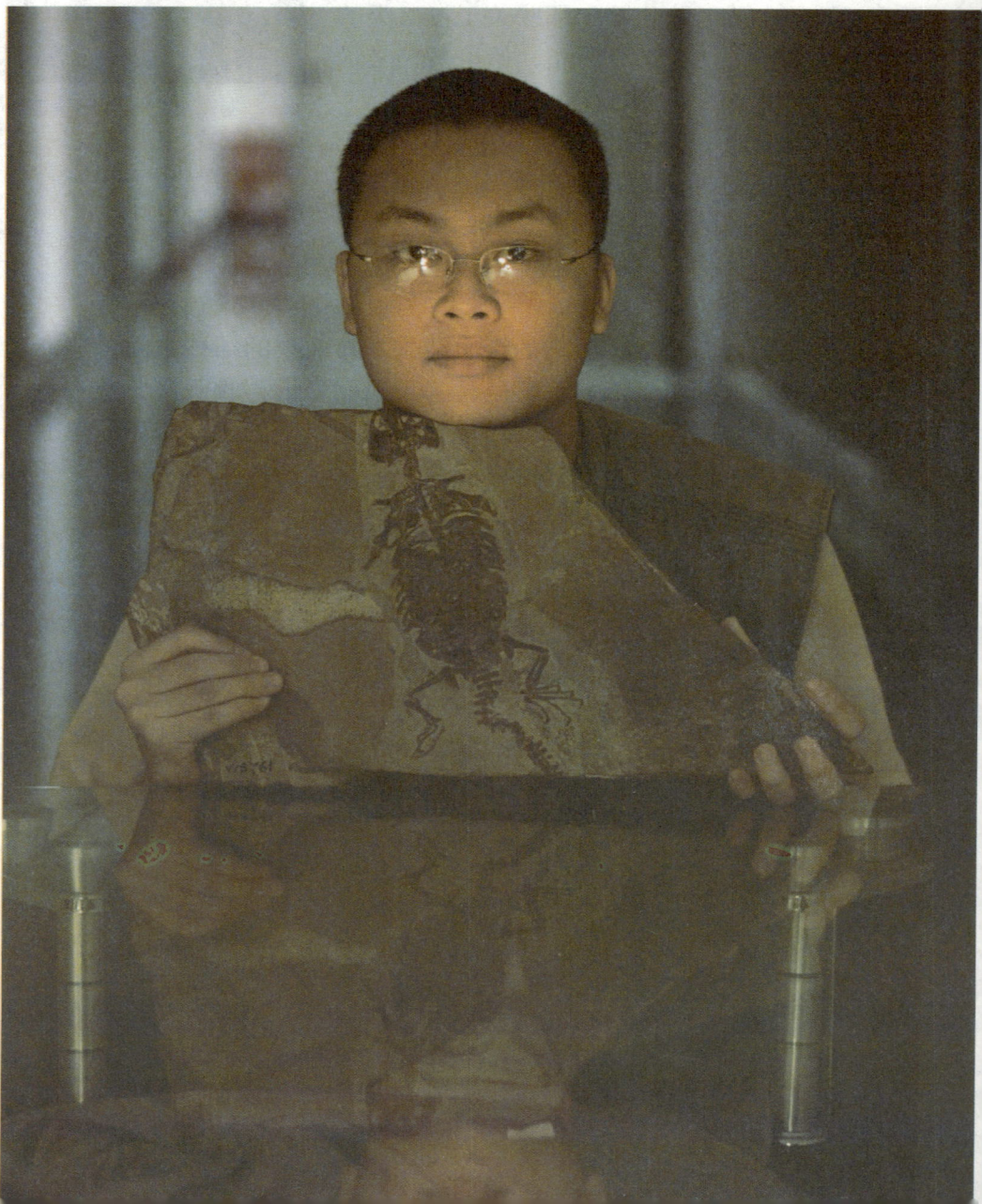

SAVE SUE

代号"苏"

这是一个很棒的故事！

一场涉及古生物学家、印第安人、FBI墨镜版、麦当劳、迪士尼、私立博物馆和美国前总统克林顿的化石争夺战。他们争夺世界上最完整的暴龙，这个过程足以拍成两季电视剧，其剧情的复杂性堪比《越狱》。

苏被摆放在菲尔德自然史博物馆中最显眼的位置

第一乐章

印第安的保留地

这是一个很棒的故事！

一场涉及古生物学家、印第安人、FBI 墨镜版、麦当劳、迪士尼、私立博物馆和美国前总统克林顿的化石争夺战。他们争夺世界上最完整的暴龙，这个过程足以拍成两季电视剧，其剧情的复杂性堪比《越狱》。

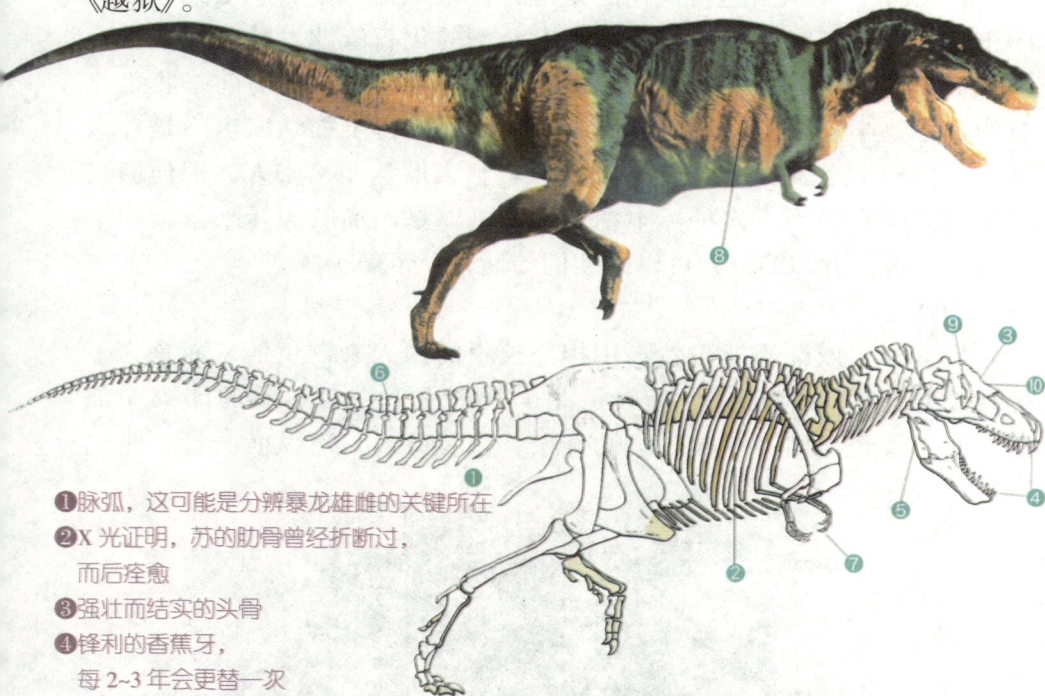

❶脉弧，这可能是分辨暴龙雄雌的关键所在
❷X 光证明，苏的肋骨曾经折断过，
　而后痊愈
❸强壮而结实的头骨
❹锋利的香蕉牙，
　每 2~3 年会更替一次
❺力道十足的下颌骨提供了强大的咬力
❻尾椎发达，尾部强壮有力
❼小手可能在从趴到站的过程中提供帮助
❽暴龙的皮肤可能是混合色调
❾暴龙拥有立体的视觉
❿脑部发达

▲苏的骨骼轮廓图
（深色区域为缺失的化石）

▲曾任美国加州州长的荧屏硬汉——阿诺德·施瓦辛格

如果说一个人号称略通恐龙而不知道暴龙，那就是"平生不识陈近南，自称英雄也枉然"这种处境。暴龙是恐龙之王，一直是恐龙文化的代言人，对美国人来说可能还有特殊意义。在现实世界越来越不安全的大环境下，从双子塔到伊拉克，脆弱的美国人需要寻求些什么来支持自己。于是他们就找了个强汉，他们把"终结者"阿诺德·施瓦辛格推上了加利福尼亚州（建成"加州"）州长的宝座。当然，他们更不会放过一条大暴龙，所以它的归宿才有了争夺。

1990 年，美国南达科他州的夏延族保留地，一位名叫威廉姆斯的印第安农场主正对着他地里一堆乱七八糟的化石渣滓发愁，这些化石曾被他们族人当成大蛇的遗骸，顶礼膜拜多年，甚至还与前来收集化石的古生物学家发生过流血冲突。当然，那些古生物学家也不是什么善心人！19 世纪来这里挖化石的队伍就整天欺负印第安人，把他们祭台上的英雄尸体当作人种标本拿走，用可以拿出嘴的假牙来蒙骗印第安人，或者告诉印第安人可以为他们传话给上帝……

现在，威廉姆斯自然不用担心狡猾的白人来欺负他，而是为了生计发愁。曾几何时，夏延人是北美开拓史上声名显赫的印第安部落，他们曾经与切诺基人、阿帕奇人、科曼奇人一道纵横沃野、叱咤

▶马什盗窃印第安葬礼台的骨骸
（供图哈泼斯新月刊 1871）

风云，但随着白人势力的不断扩张，这些印第安部族逐渐衰落，夏延人也逐渐在南达科他州和怀俄明州定居下来。印第安保留地里的生活十分清贫，人们不得不主要依靠大自然的恩赐为生，畜牧业、种植业成了印第安人最主要的经济来源，当然，有时候还有一些意外之财，比如化石。

▲拉尔森在研究他的暴龙头骨

▼拉尔森的团队在挖掘现场

这年盛夏，威廉姆斯写信邀请黑山地质研究所负责人拉尔森到他的农场，请他来挖掘化石，他期望土地里埋藏的那些奇怪的骨头能为自己带来一笔额外收入。

拉尔森是个人才，4 岁开始"玩"化石，直到现在。如果你见过他，相信会过目不忘：他脸上那两撇浓密的小胡子特别显眼，笑起来胡子的末梢也会跟着抖动，好玩得

很，这可能是听他演讲时的一个看点。个性张扬的拉尔森在当今古生物界小有名气，他是追猎暴龙的世界第一人！1990 年以来，他的黑山地质研究所团队一共发现了 8 具暴龙骨骼，其中苏、斯坦、巴基、达菲、麦瑞斯名列全球最完整的 10 大暴龙骨骼之列。

▲在苏被「劫持」事件中，几乎被搬空的黑山地质研究所

第二乐章

苏珊的发现

上回说到威廉姆斯请来了黑山地质研究所的拉尔森。其实拉尔森不光长得很有个性，也不仅是一位古生物学家，还是一位做化石生意的商业化石猎人，如果你要将其说成化石贩子，那也可以。

拉尔森的黑山地质研究所成立于 1974 年，是一家为博物馆或者收藏家提供博物馆级别化石、化石复制品、矿物标本，以及提供地质教学、展示、矿物勘探、筹备展览等服务的机构，口号是"专注于化石、化石复制品与相关服务"。研究所擅长于研究恐龙等古爬行类、古哺乳动物、翼龙、菊石、三叶虫，其中又以恐龙中的暴龙斯坦最为出名。

1990 年入夏以来，拉尔森的队伍已经在费恩城附近的一个化石点挖掘了 6 个星期，结果一无所获，有点沮丧的他已经准备打道

▼黑山地质研究所中琳琅满目的古生物化石，图中最大者即为暴龙斯坦

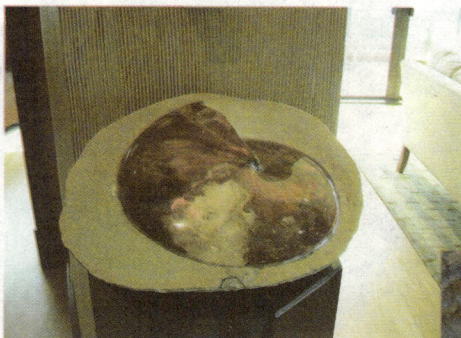

▲黑山地质研究所中珍贵的鹦鹉螺化石

回府，现在接到威廉姆斯的邀请，便顺道到夏延族保留地来碰碰运气。但奇迹往往在感到失望时闪亮登场，柳暗花明又一村。

现在要出场的是苏珊……

苏珊的手附近就是苏的大牙▶

苏珊 11 岁才上学，但在高中时就辍学了。她戴上水肺，潜水为水族馆提供海洋动植物的标本，据说她发现过前人从未描述过的新种。后来，苏珊开始收集并加工琥珀昆虫化石，把品相不错的卖给私人收藏家获利，而更好的，也就是业内常说的"博物馆等级"标本以成本价卖给博物馆，这为她赢得了很好的声誉。随后，苏珊加盟黑山地质研究所，在来到夏延保留地之前，她从来没有挖掘过恐龙，仅仅是听过拉尔森几次野外培训课，估计也被忽悠去舔过化石。

但 8 月 12 日这一天，却是苏珊命运的转折点！这使得她被授予一堆学校的名誉博士头衔，跻身孟德尔（现代遗传学之父）、利维（发现了第九颗彗星）和勒维特（发现了周光关系）这些为人类做出巨大贡献的非科班出身的科学家之列。

这天，苏珊与爱犬按计划顺着夏延河畔搜寻。这天天气不太好，一早就下起了倾盆大雨，天地间一片朦胧，雨水汇成道道小溪在地表奔流。眼看奔腾而至的浊流越来越深，这次任务实在没法完成了，苏珊停下脚步四处张望，看见河畔有一座约 17 米高的陡坡，她决定先爬上高地去避避积水。

苏珊发现了一具巨大的暴龙骨架

　　天雨地滑，苏珊手脚并用狼狈地爬上土坡，突然间，她被横陈于眼前的东西惊呆了！

　　事后，苏珊回忆说："它就在那儿！整具暴龙骨架完全从山坡中显露了出来。它的脊椎骨很大，而且上面的关节非常清晰。我可以肯定，这只暴龙自白垩纪时起就没有挪动过地方。"

拉尔森、苏珊和苏，等待他们的是什么呢？

第三乐章

威廉姆斯的底牌

上回说到，有赖大雨冲刷，苏珊看见土坡上居然裸露出一副巨大的骨骼。苏珊万万没想到居然这么凑巧能找到化石，不禁喜极而泣。其实，我也想不通她为什么这般幸运。

发现之旅真是不可以常理推测，就像 2004 年，我带着一群台湾小朋友在云南禄丰挖化石，有一个小朋友一边追蝴蝶，一边就简简单单地找到了一块非常罕见的禄丰龙下颚骨，而我在当地好几年也没有这种幸运。

雨停后，闻讯赶来的拉尔森一看化石便预感到这可能是 20 世纪最伟大的暴龙发现！他欣喜若狂，当即向威廉姆斯寻求挖掘许可。拉尔森给威廉姆斯签了一张 5 000 美元的支票，农场主对这次交易似乎挺满意，他很快就提走了拉尔森交付的 5 000 美元。而拉尔森这头也没闲着，工作人员加班加点，仅用 17 天就将这具庞大的恐龙化石从岩石中取了出来。令拉尔森吃惊的是，这具化石长 12.8 米，高 5.48 米，比纽约自然史博物馆中的那只暴龙还要高大，因而成为世界上已知的最大的暴龙。

为了纪念苏珊这一了不起的发现，工作人员用她的爱称"苏"来为这头暴龙命名。

▲香蕉牙特写，黑色部分为牙冠，即我们能见到的部分，露于牙龈以外，牙冠表面覆盖有一层釉质（珐琅质），棕色部分为牙颈和牙根

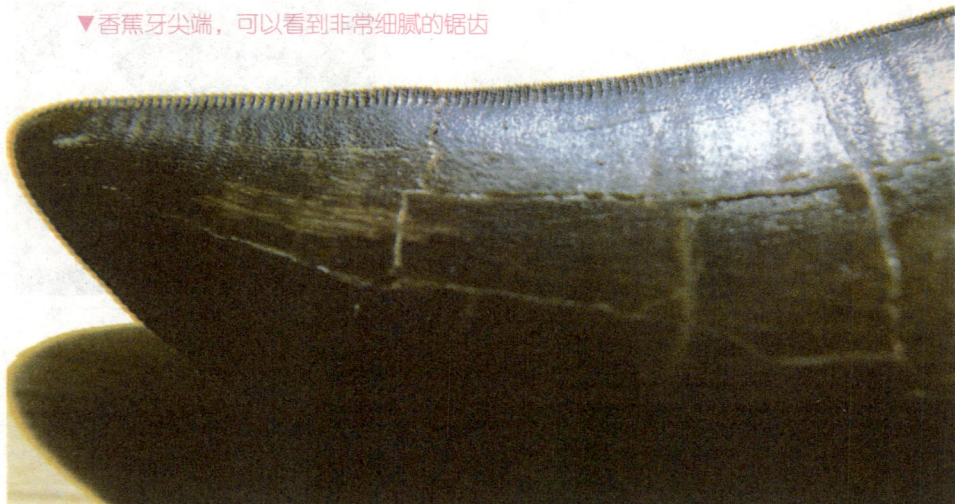

▼香蕉牙尖端，可以看到非常细腻的锯齿

"**那**是我一生中最美好的时刻之一。"拉尔森说。

　　拉尔森心里明白，这具化石的价值至少在数十万美元，他为自己捡了个大便宜感到沾沾自喜。不过，这位疲惫不堪的古生物学家丝毫没有意识到，这具化石即将带给他的不是名利，而是一连串的厄运……

　　化石一运回黑山地质研究所，员工们立即着手清理，喜不自胜的拉尔森甚至还宣布要专门建立一座博物馆，苏也将成为博物馆的镇馆之宝。

　　当地一家报纸报道了这个重大发现，接受采访的拉尔森不失时机地吹嘘了一通化石的巨大价值。没想到这下可捅了娄子，看了报纸的

▲牙齿后侧的细小锯齿经高倍放大的显微照片：这些锯齿由釉质构成犹如一把把纤细的、剃刀般的小刀，甚至可以看到肉纤维对釉质的磨损

威廉姆斯大梦初醒，他这才意识到自己有眼无珠，被拉尔森占了大便宜。不过这位印第安人却有点小聪明，他当初向拉尔森隐瞒了一个关键问题……

威廉姆斯出于经济利益，已经在几年前把这块土地交给印第安人事务局托管了！

根据美国法律，如果印第安人将他们的财产交给联邦政府托管，他们就可以享受免税待遇。但同时这也意味着，土地的主人要想出售这片土地下面的埋藏品，就必须得到联邦有关机构的准许。

威廉姆斯没有将这一切告诉黑山地质研究所，也没有去办理相关的手续，而性急的拉尔森则是稀里糊涂就开始了发掘工作。

▼荒凉的夏延河印第安人居留地，曾经是恐龙生活的乐园

第四乐章

营救

上回说到，苏被大墨镜"FBI"和国民警卫队劫持走，黑山地质研究所一片慌乱。

这"神来之笔"到底是怎么回事？扯皮就扯皮吧，怎么突然就动手了呢？原来，这是美国联邦法院南达科他州分院的拜泰一手操纵的，他声称有迹象表明拉尔森要出售苏，没收这具化石是为了保护联邦财产和公众与化石的联系。其实，黑山地质研究所本来就有从事化石交易的传统，为

▲麦当劳的圣诞暴龙

何直到两年后才动手查封？难道这是传说中的"警察慢知慢觉候群症"？就像香港电影中那些永远慢一步，永远只来收拾残局的大队人马一般？

后来，人们猜测，这可能是威廉姆斯"活动"的结果，也可能是拜泰在终于看清局势后做的决定，真正的原因现在已不得而知。但古生物化石作为"犯罪证据"被查封，这在全世界都是第一次，而且，被查封的还是被誉为"暴龙之王"的极其珍贵的完整化石骨架。

一石激起千层浪。事件引起了新闻界和广大公众的极大关注，各大报刊纷纷在头版予以报道。面对堂而皇之的联邦政府，拉尔森自然义愤填膺。黑山地质研究所立即将地方法院告上司法部，称其错误行使法律，要求归还苏。拉尔森希望法院澄清：苏到底是托管土地的一部分还是在土地中发现的私人财产？经过一番唇枪舌剑的交锋，地方法院裁定：苏是威廉姆斯托管协议中土地不动产的一部分，换言之：

属于土地所有者，但在未得到美国内政部的允许前不得买卖。

此间，当地的民众愤愤不平，自发集合抗议。他们或是高举标语，聚集在黑山地质研究所门前；或是在自家汽车上写着"释放苏"，到处游走；或是找一帮人模仿运走苏的场景，到街上游行。在临近宣判的时候，抗议达到高潮，国会大道上满是示威民众，他们的标语写着"投票决定苏的命运""化石猎人也有权利""为苏疾呼"等。最猛的压轴戏是，一位抗议者为此做了一个巨大的、好几层楼高的黑色热气球，写着黄色的"FREESUE"（释

▲当地的民众愤愤不平，自发集合抗议

▲甚至有人模仿运走苏的皮卡，到街上游行

放苏），升空抗议。

黑山地质研究所败诉后并不服输，冗长的诉讼一拖就是4年，拉尔森层层上诉，一直申诉到美国最高法院，现在有4个方面在争夺化石：那片土地的主人、夏延印第安部落、美国联邦政府，以及可怜的拉尔森。这件案子堪称美国历史上最混乱的民事案件，其结果也令所有人都大吃一惊——最高法院居然宣布无法作出裁决！

▲最猛的是，抗议者为此做了一个热气球，升空抗议

▲化石在抗议声中被搬走

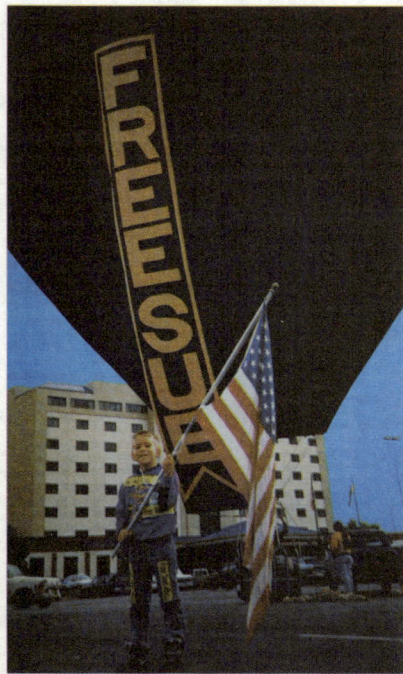

061

第五乐章

836 万美元

上回说到，这件案子已经在无厘头的道路上越走越远。

现在，事情闹得连白宫都被惊动了，最后当时的美国总统克林顿宣布：苏属于那片土地的主人——威廉姆斯，一场沸沸扬扬的纠纷才落下帷幕。

苏在矿业技术学校的保险库里尘封多年后终于得以重见天日。可是倒霉的拉尔森却因此连遭不幸：他被控犯有 154 条罪状，检察官要求对其处以 353 年监禁！这场官司连续打了 9 个月，创下了南达科他州历史最高纪录，在众多古生物学家的营救下，拉尔森最终免于牢狱之灾。但心有不甘的拜泰又以拉尔森未向税务部门申报 4.6 万美元税款的罪名，将其判处 2 年监禁。

苏的归属权尘埃落定，它接下来的去向就成了人们关注的焦点。为此煞费心机的威廉姆斯也想通过苏获利。他说："我不是古生物学家，况且，我已经 69 岁了，早已没有青春奉献给科学研究，所以我应该享受化石的商业价值。"

此后，许多私人收藏者都对苏表示出极大兴趣，纷纷试图向威廉姆斯购买，甚至有人喊出了 6 000 万美元的天价，但临近末尾，却只有一名加拿大买家给出了较为正规的书面申请。原本期望大赚一笔的威廉姆斯不禁有些失落。这时，苏富比拍卖行找到了他，向其力陈拍卖的种种好处，提出代理并

▼苏居然还惊动了当时的美国总统克林顿！等待买主的苏，精美的骨骼到底花落谁家呢？

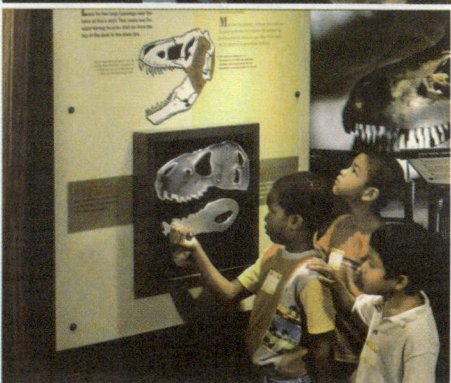

▲在芝加哥菲尔德自然史博物馆，游客除了可一睹苏的真面貌外，亦可透过博物馆的多媒体展览，与苏全面接触。游客可看到由电脑重组出来的苏的头骨动画；触摸仿制的苏的肋骨、上肢及牙齿；观看苏由被发现到搬至博物馆过程的录像带；最后网民更可透过网上摄像机与苏见面

人提供赞助。

出售苏的请求。

1996年，威廉姆斯终于同意由苏富比拍卖行代理苏参加纽约的拍卖会。

消息一出，立即引起了极大反响，许多古生物学家对此感到十分痛心，他们认为恐龙化石不应商业化，只有通过有关学术机构的有效保管才能发挥其科学价值。但在美国这样一个金钱至上的社会里，化石贩子和私人玩家显然不把化石的科学价值放在第一位，对"只有古生物学术机构才能更好地保存恐龙化石"的观点也很不以为然。

参加拍卖会的众多买主可谓大腕儿云集，其中出现了芝加哥菲尔德自然史博物馆的名字，这是美国一家著名的私营博物馆。拍卖会前，该馆地质部负责人福林亲自飞赴纽约查看苏的化石。福林回忆道："当我第一眼看到苏，就感觉如同见到了大钻石'希望之星'一般。它的头骨超过5英尺（1.52千米）长，而且保存相当完好。"

博物馆主席麦卡特得到消息后志在必得，他立即与长期合作伙伴麦当劳公司进行了沟通，随后又成功说服迪士尼公司和一些私拍卖会上，苏的起价被定在 50 万美元。拍卖官刚开始喊价，下面便此起彼伏地举起牌来，短短几秒钟内出价便蹿升到 120 万美元。仅用了 8 分钟的时间，芝加哥菲尔德自然史博物馆便在麦当劳和迪士尼的强大支持下以 836 万美元的天价成功中标。喜讯传来，博物馆上下一片欢腾，苏在重见天日 7 年后终于安家落户。此后经过博物馆人员 4 年的精心修理及化石复原装架，苏于 2000 年 5 月 17 日正式与游客见面。

闲话大灭绝

目前，地球上被人类记录过的物种大约有 175 万种，实际上存在的物种可能为 500 万到 1 亿种，然而，根据古生物学家的研究，地球上曾经存活过 40 亿种动植物，可见在进化过程中，绝大多数物种"出局"了。这是因为进化没有人们想象中那么伟大，其实，这只是生命进行的各种尝试而已。随着"试验"的结束，失败品被大自然淘汰，当然，幸存者也依旧要养精蓄锐，以应对下一次"试验"。

第一乐章

不仅仅一次

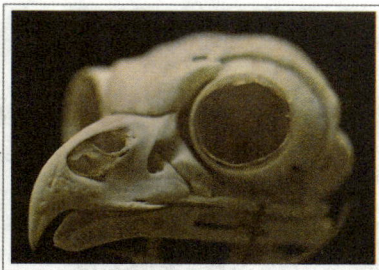

"迟早都会灭绝的……"不少古生物学家对现在那些极端环保主义者都很不以为然，并经常说这么一句话。环保固然重要，可以尽量保护物种，不让它们在不该灭绝的时候灭绝，但一旦走上极端，则是另外一回事。极端环保主义者那些过剩的精力，其实可以用在另外一些更有意义的事情上，比如扶贫……而如果是为了让自己挤进"小资"行列，去为了反对穿皮草而裸奔，那就没必要了。

包括人类在内，物种都有一个诞生到灭绝的过程。目前，地球上被人类记录过的物种大约有 175 万种，实际上存在的物种可能为 500 万到 1 亿种，然而，根据古生物学家的研究，地球上曾经存活过 40 亿种动植物，可见在进化过程中，绝大多数物种"出局"了。这是因为进化没有人们想象中那么伟大，其实，这只是生命进行的各种尝试而已。随着"试验"的结束，失败品被大自然淘汰，当然，幸存者也依旧要养精蓄锐，以应对下一次"试验"。

▲南极狼：1875 年灭绝

▲纹兔袋鼠：1906 年灭绝

▲亚洲狮：1908 年灭绝

> **寒武纪**
>
> 中生代的第一个纪。代表符号为"∈"。"寒武"一词源自英国威尔士一个古代地名的日语汉字音译，中国沿用。寒武纪开始于5.7亿年前，结束于5.1亿年前，分早、中、晚三个世。生物群以海生无脊椎动物为主，特别是三叶虫、低等腕足类和古杯动物。红藻、绿藻等开始繁盛。这个时期形成的地层叫"寒武系"。

▲中国白臀叶猴：1882 年灭绝

生物的灭绝又分两种，在漫长的进化过程中，物种数量的长期稳定与短期剧变总是交替的，灭绝以不同的规模出现。在稳定期内，平均新生率远远大于平均灭绝率，总的平均灭绝率总是维持在一个低水平上，这种低水平灭绝被称作常规灭绝或背景灭绝（意为每天都在发生，而不被我们重视的灭绝）；与此相对应，在剧变期，许多生物门类在短期内大量灭绝，生物进化进程突然中断，使灭绝率突然升高，而新生率则降得很低，这种大规模的灭绝叫作集群灭绝或大灭绝。

虽然想到人类也会灭绝，感觉总是不好，但此是自然规律。而且，自从寒武纪生物大爆发以来，地球上的生命进化并非一帆风顺，地球上生命的起源至少可以追溯到 35 亿年前，但在很长一段时间里，地球上的生命形式只有细菌等微生物，这一现象一直维持到距今约 5.3 亿年的早寒武世。

在寒武纪，多细胞动物突发性地在海洋中出现。据统计，自寒武纪以来，明显的生物大灭绝事件发生了 15 次，其中有 5 次影响遍及全球，分别是奥陶纪 – 志留纪之交、晚泥盆世弗拉斯期 – 法门期之交、二叠纪 – 三叠纪之交、三叠纪 – 侏罗纪之交和白垩纪 – 第三纪之交。但这些灭绝的原因到现在还没有定论，所以我们也说不好，这 5 次大灭绝如果任选其一重演一次，人类是不是扛得住？

古杯动物

古杯动物是一类绝灭了的底栖海洋动物，多数为单体，少数为群体。单体外形多似杯状，故有"古杯"一名。古杯动物的骨骼通称为杯体，由方解石显微晶粒组成。杯体的始端部分叫杯尖，在杯体的基部常有根状的固着根。古杯动物的生物归属尚未查明，一般视为一个独立的动物门。主要生存于寒武纪，是划分寒武系的重要化石。已描述有 300 多个属，近 1 000 个种。

▶古杯动物生活在 5 亿年前的海洋里，体分支，每支呈杯形，固着在海底的礁岩上，形体近似于珊瑚和海绵

第二乐章

"后天"

北大西洋洋流停止流动，几天之内，南北极冰山融化，大量淡水注入海洋，罕见的飘雪出现在印度，雹灾重创日本东京，龙卷风横扫美国洛杉矶，大水排山倒海般地冲入纽约市……这是电影《后天》的场景，描述了温室效应造成全球气候剧变，带来严重的自然灾难，而古生代的两次大灭绝就有点类似于这个场景。

第一次生物大灭绝发生在距今 4.4 亿年的晚奥陶世，是地球史上第三大的物种灭绝事件，约 85 % 的物种灭亡。这一时期大多数生物的机体是软体组织，形成化石的概率很小，只有那些具有壳或硬组织的动物才留下了比较多的线索，因而我们无法弄清楚当时到底发生了什么，以及都有哪些物种受到了影响。据估计，大约有 100 个科的生物灭绝，在属种级别上灭绝率更高，如腕足类属的灭绝率为 60 %，种的灭绝率可达 85 %。此次灭绝事件对低纬度热带地区生物的影响较大，而对高纬度地区和深水区生物的影响较小。

▲深海珊瑚

▲浅海珊瑚

069

▲三叶虫化石

备受人们喜爱的三叶虫就是在这次灭绝中元气大伤的，此后再也无法恢复以前的繁荣。古生物学家认为这次物种灭绝是全球气候变冷所致。

在大约 4.4 亿年前，现在的撒哈拉所在的陆地曾经位于南极，当陆地汇集在极点附近时，容易造成厚厚的积冰——奥陶纪正是这种情形。大片的冰川使洋流和大气环流变冷，整个地球的温度下降，冰川锁住了流水，海平面降低，原先丰富的沿海生物圈被破坏，导致了物种大灭绝。

第二次大灭绝发生在距今约 3.65 亿年的晚泥盆世，是地球史上第四大的物种灭绝事件，此次，海洋生物遭到重创。经过这次灭绝，70％的物种消失了，灭绝的科占当时科总数的 30％，灭绝的海生动物有 70 多科，其灭绝情况可能比陆生生物更为严重。这次灭绝事件的时间范围较宽，规模较大，受影响的门类也多。当时浅海的珊瑚几乎全部灭绝，深海珊瑚也部分灭绝，层孔虫几乎全部消失，竹节石全部灭亡，浮游植物的灭绝率也在 90％以上，腕足动物中有 3 大类灭绝。

对于这次灭绝的起因我们知之甚少，可能是 5 次大灭绝中我们最无头绪的一宗谜案。唯一的线索是，此次大灭绝中受影响最大的是那些生活在暖水中的物种。因此很多古生物学家认为这次大灭绝事件的原因，是一次与奥陶纪末相似的全球变冷事件。同时还有迹象显示，当时比较浅的水域里氧气含量也诡异地下降了。

▼三叶虫的种类很多，却无一能逃过灭绝的厄运

第三乐章

换代大清洗

到了二叠纪，地球上一派欣欣向荣的景象，菊石、珊瑚还有鱼类在海洋中非常繁荣，两栖动物及爬行动物进一步深入内陆活动，这段相对稳定的时期持续了大概1亿年。到了晚二叠世，大约距今2.5亿年，地球历史上最大的一次大绝灭事件发生了。至于本次灭绝的原因，古生物学家认为，大规模海侵和缺氧可能是海洋生物灭绝的一个起因。

海侵，或许可以理解为海水的入侵，就是指在相对短的时期内，海面上升或陆地下降，造成海水对大陆区侵进的地质现象。这一幕就大规模发生在二叠纪的地球，那时，所有的大陆聚集成了一个联合的古陆，富饶的海岸线急剧减少，大陆架也随之缩小，生态系统受到了严重的破坏，很多物种的灭绝是因为失去了生存空间。

更严重的是，当浅层的大陆架暴露出来后，原先埋藏在海底的有机质被氧化，这个过程消耗了大量氧气，并释放出大量二氧化碳。大气中氧的含量有可能减少了，这对生活在陆地上的动物非常不利。随着气温升高，海平面上升，又使许多陆地生物遭到灭顶之灾，海洋里也成了缺氧地带。现在的二叠系地层中大量沉积的、富含有

二叠纪

二叠纪是古生代的最后一个纪，代表符号为"P"。其也是重要的成煤期。因在德国这一时期地层二分性明显，故称"二叠"。其分为早、晚两个世。二叠纪开始于2.9亿年前，结束于2.5亿年前。

无脊椎动物以四射珊瑚、蜓、腕足类、菊石等为主。植物除石炭纪时已发现的种类外，原始松柏类、苏铁类等发育。这一时期形成的地层称"二叠系"。

二叠纪的地壳运动比较活跃，古板块间的相对运动加剧，世界范围内的许多地槽封闭并陆续形成褶皱山系，古板块间逐渐拼接形成联合古大陆（泛大陆）。陆地面积的进一步扩大、海洋范围的缩小、自然地理环境的变化，促进了生物界的重要演化，预示着生物发展史上一个新时期的到来。

▲二叠纪时鱼类在海洋中开始繁荣

▲二叠纪时期，生物界发生了重大变革

▼二叠末，横板珊瑚全部灭绝

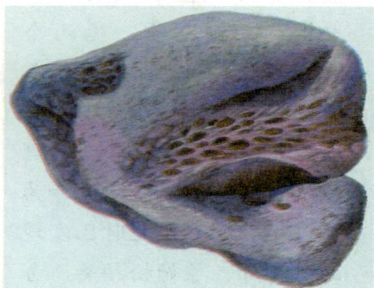

机质的页岩便是这场灾难的证明。

第三次大灭绝是地球生命史上最大也是最严重的物种灭绝事件，估计地球上有96％的物种灭绝，其中包括90％的海洋生物和70％的陆地脊椎动物；其灭绝科数占当时动物科总数的50％左右，包括两栖类75％的科和爬行类80％的科。

这次大灭绝使得占领海洋近3亿年的海洋生物从此衰败，许多古生代繁盛的重要生物门类，如三叶虫、盾皮鱼等著名的门类均遭灭门，曾长期统治浅海海底的腕足动物——那一堆××贝全部消亡，连深水海域里的放射虫等也遭到重创。这些空出来的生态区位很快孕育了新的生物种类，生态系统也获得了一次最彻底的更新，为恐龙类等爬行类动物的进化铺平了道路。

古生物学界普遍认为，这一大灭绝是地球历史从古生代向中生代转折的里程碑。

▶恐龙出场，那么，第一个出场的是谁呢？我们不得而知

第四乐章

成也灭绝，败也灭绝

中生代，我们通常称之为恐龙时代。这个时代发生过两次大灭绝，第一次成就了恐龙的兴起，第二次则令恐龙消亡殆尽！大自然的力量实在令人匪夷所思。

恐龙的兴起得益于第四次大灭绝，发生在距今 1.95 亿年的晚三叠世。这次大灭绝造成的影响相对轻微，是 5 次大灭绝中最弱的，但也有 1/3 的科、76 ％的物种在此时期灭绝。其中海洋生物有 20 ％的科灭绝，陆地上大多数非恐龙类的古爬行类、似哺乳类和一些大型两栖动物都灭绝了。这次灭绝也同样是谜团重重，并没有特别明显的标志。

晚三叠世的古陆上许多地区出现的干旱，是这次大灭绝的罪魁祸首，但干旱并不能说明灭绝的突然性，看看现在，非洲每年的干旱虽然能夺走不少人命，但总不至于让人灭绝。

▲历经一次生物大灭绝后，三叠纪时生物面貌大改观，以恐龙为代表的爬行动物开始繁盛

073

▲腔骨龙是生存于晚三叠世的小型食肉恐龙

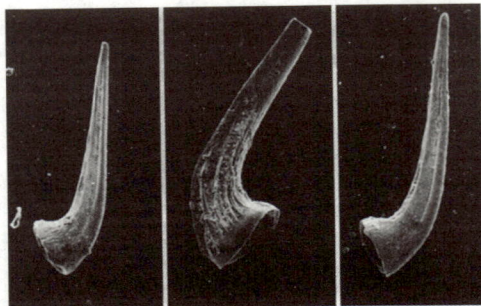
▲奥陶纪的牙形石

▲古老的头足类动物——鹦鹉螺

074

最近，古生物学家认为，一次快速而大幅度的海退－海进可能会造成海洋生物的大灭绝，海平面下降导致生命的生活环境缩小，紧接着海平面快速上升又导致海洋缺氧，生命就这样被活活"折腾"死了。但这个假说无法解释近乎同时发生的陆生生物的灭绝。有人曾用流星撞击地球来解释这场灾难，但对流星撞击所留下的陨石坑测定发现，其撞击时间远在三叠纪－侏罗纪之前。还有人认为是中大西洋的玄武岩浆大规模喷发造成的这一结果，广泛的火山喷发释放出大量气体，致使大气中二氧化碳含量迅速增加，导致全球变暖。但对古土壤的研究表明，我们高估了当时二氧化碳的增加量。于是，古生物学家又来了一个"灭绝原因全家福"：晚三叠世的大灭绝事件发生在一个气候长期变化、海平面快速波动并伴有地内外灾难发生的背景下。

在这次灭绝中，牙形石类全部灭绝，菊石、海绵动物、头足类、腕足动物、昆虫及陆生脊椎动物中的多个门类都走到了进化的终点。它们腾出了许多"生态区位"，为很多新物种的产生提供了有利条件，恐龙就从此开始了它们统治大地的"征程"。

最后一次大灭绝，则无情地将恐龙从地球上抹去。这也是最令人熟知的一次大灭绝，自然就有了很多奇奇怪怪的假说，我们将在后文中逐一介绍。至于到底是什么原因，就请你自己判断了。

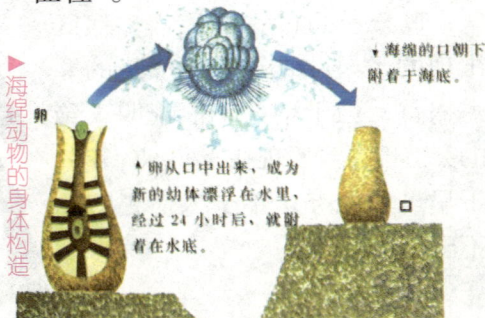
▲海绵动物的身体构造

海绵的口朝下附着于海底。

卵从口中出来，成为新的幼体漂浮在水里，经过24小时后，就附着在水底。

烧着的大星

1994 年 7 月 17 日，这次 "宇宙重大交通事故" ——彗木大碰撞终于发生！第一块彗核碎片以 60 千米 / 秒的速度撞到木星上，相当于 1000 万颗投在广岛的原子弹所释放的能量，即 2000 亿吨 TNT 当量的爆炸！

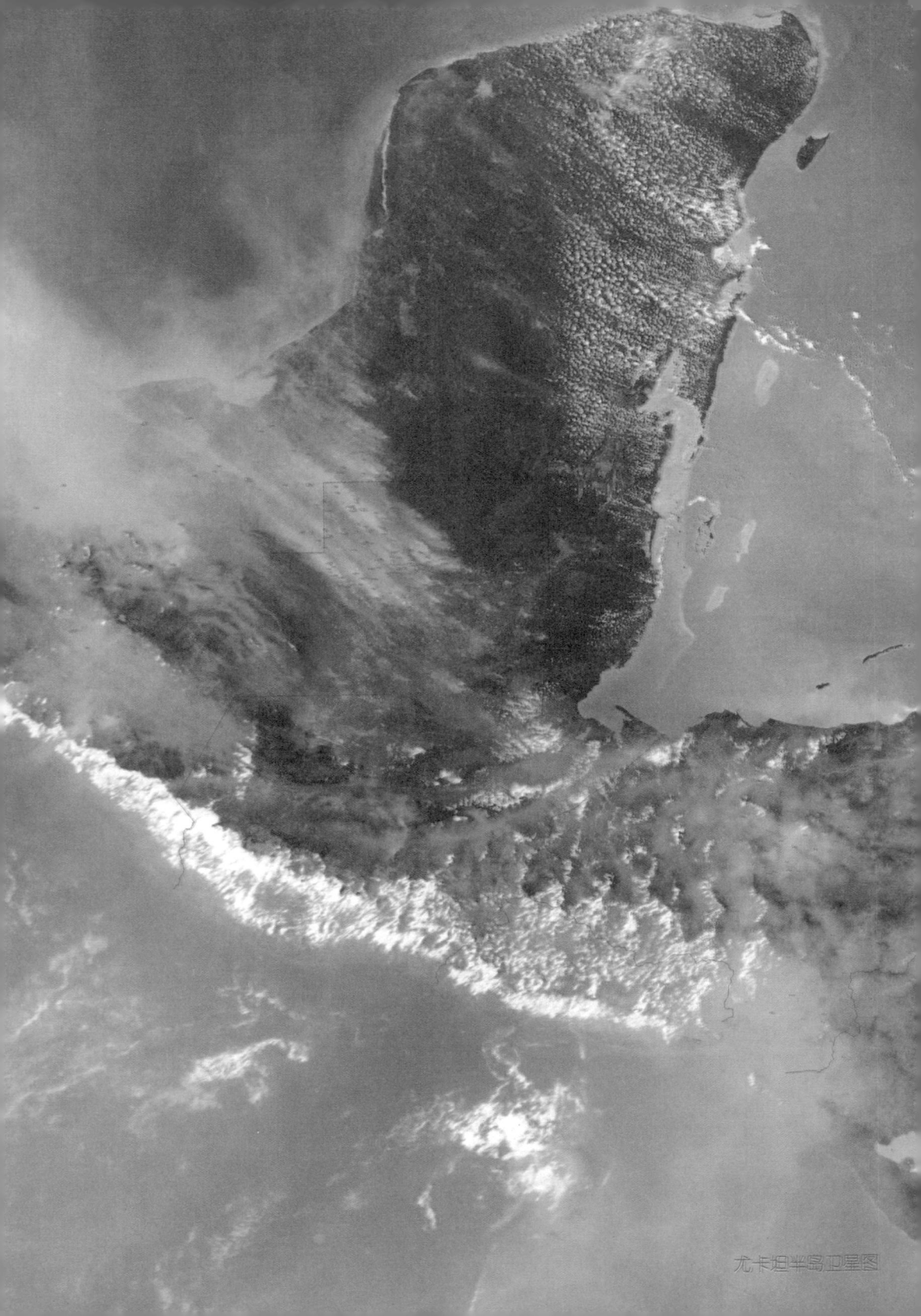

尤卡坦半岛卫星图

第一乐章

流星雨

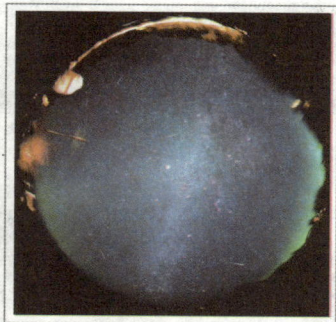

记得 2001 年 11 月 19 日凌晨，我还在大学的校园里，突然被上铺的兄弟拎到楼下的草坪。当我惊讶于眼前成百上千躺得横七竖八、几乎看起来"尸横遍野"的同门兄弟姐妹时，突然从四面八方响起近乎歇斯底里的尖叫声。仰望星空，原来是狮子座流星雨开始大爆发，在来不及许愿的情况下，每分钟有 100 颗"雨滴"滑过头顶的天空，拖着长长的尾巴，转瞬即逝。

这种流星雨之所以被称为狮子座流星雨，是因为它们看似来自狮子星座的位置，流量呈 33 年的周期变化。每年 11 月份就会出现，在平常的年份，地球也不过每小时遇到 10 到 15 颗狮子座流星"雨滴"，可见当年的流星雨有多么壮观。

但在古生物学家眼中，这恐怕不会那么浪漫。如果雨滴再大些、再大些、再大些，那么地球就真的难免"尸横遍野"了。

看看全球约 200 个巨大的陨石坑，就知道地球其实远不是一块平静

◀ 流星雨奔袭

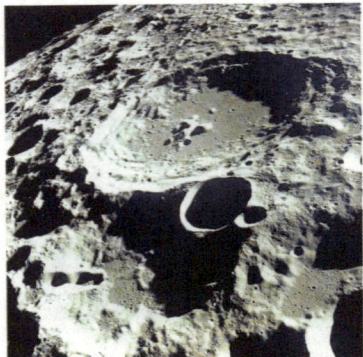
▲月球陨石坑特写

的乐土。在过去的 46 亿年里，地球不知接待了多少莽撞的"不速之客"，只不过地质变迁和生命活动抹掉了大部分"客人"的痕迹，只留下特别显著的一些。如果你想对这种撞击事件的频繁程度有更具体的认识，找一架好一点的望远镜瞧瞧月亮上随处可见的环形山便可——月球上没有空气和水的侵蚀，陨石撞击的痕迹几乎可以一直保留下去。

在太阳系中，就充满着赤裸裸的威胁。我们知道，太阳系有 9 大行星……哦，应该是 8 大行星，可怜的冥王星在 2006 年 9 月被降级为编号 134340 的小行星。我身边的很多"冥迷"对此愤愤不平，英语国家的人则在烦恼，他们应怎么修改"我的好妈妈给我 9 张比萨"和"我有很简单的方法来简化行星命名"这 2 句用了多年的记忆句。

在英语国家，数以亿计的人曾经靠"My very excellent mother just sent us nine pizzas." 或是 "My very easy method just simplifies Us naming plan-ets." 这两句话来协助记忆太阳系 9 大行星的名称，仔细看一下这句话中每个单词打头的字母，你就会发现，这句话的确可以帮助你来记住九大行星的名字和它们距离太阳远近的顺序。离太阳最近的行星叫作水星（Mercury），然后依次是金星（Venus）、地球（Earth）、火星（Mars）、木星（Jupiter）、土星（Saturn）、天王星（Uranus）、海王星（Neptune）和冥王星（Pluto）。现在没有了比萨，没有了行星，句子就不完整了。

▶太阳系如今只剩下了八大行星

第二乐章

通古斯爆炸

太阳系除了 8 大行星，还有许多绕太阳运转的、奇形怪状的小行星，其中大部分位于火星和木星之间的小行星带。这些"调皮的"小行星有特殊的轨道，会定期接近地球，被称为"近地小行星"。此外，一些彗星也会不时地光临地球附近，用"扫把尖"轻轻"捅"一下地球。这类小行星和彗星统称为"近地天体"，如果其中某一位在地球引力作用下扑向地球的怀抱，对人类而言，那会是非常恐怖的事情。

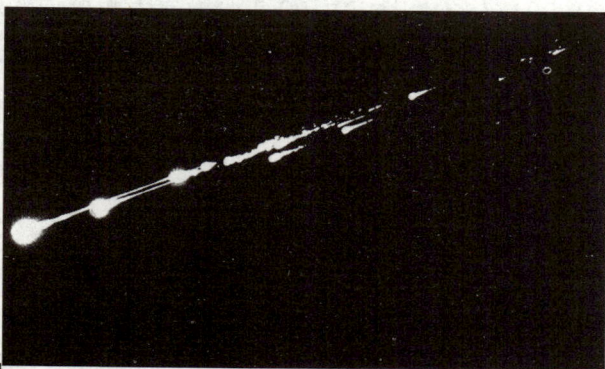

► 正在快速移动的近地小行星

▲ 腾空而起的蘑菇云

直径小于 50 米，差不多是一座普通办公楼那么大的近地天体，基本可以不必关心，它们落入地球大气层时，摩擦产生的热足以把它们烧得差不多了，除了产生一颗流星外，不会有什么了不起的后果。而直径在 50 米至 1000 米的天体，就可能造成地区性的灾难，尺寸越大，麻烦越大。万一撞上大城市，死的人可能以百万计。直径超过 2 千米，就足以引起全球气候剧变，就像通古斯所经历的那样。

▲ 通古斯爆炸后狼藉的现场

▲ 通古斯爆炸造成的森林焚毁呈蝶状

080

1908 年 6 月 30 日清晨，在西伯利亚中部，一个巨大的火球从天空中划过。它着地之后引起了一场大爆炸，在 30 千米~60 千米范围内，所有树木被推倒，爆炸中心 30 千米以内，所有树木被连根拔起，烧成木炭，60 000 株树木倒地，1 500 头驯鹿成为大爆炸的殉葬品。远在 450 千米以外的人能看到这根巨大的烟柱，浓烟铺天盖地，蘑菇云最高达 20 千米；60 千米以外的一位农民被一股热浪冲倒在地，失去知觉；160 千米以外的一位工人被热浪推到河里；800 千米以外的火车开始摇晃震荡，行李包摔到地上；1 000 千米范围内人们听到了那声巨响，1 500 千米范围内，人们看到"天火"呼啸而过。结果是，东至勒拿河，西至爱尔兰，南至塔什干、波尔多一线的北半球，连续出现了白夜现象。欧洲、美国和澳大利亚的一些地震台均记录下了地震波——地球磁场也受到了扰动。

这一事件被称为通古斯爆炸，人们对它提出了反物质、黑洞、外星飞船坠毁等种种戏剧化的说法，但最令人信服的解释是：一块彗星碎片撞击了地球。这个由冰和尘埃构成的"脏雪球"长约 100 米，重 100 万吨，飞行速度约为 30 千米/秒，撞击产生的能量超过广岛原子弹的 600 倍。幸而它落在荒无人烟处，没造成什么人员伤亡。如果晚到 8 小时，它就可能把伦敦城变成一片瓦砾场。

▲ 被称为"近地天体"的彗星

第三乐章

彗木大碰撞

时间到了 1993 年。这年 3 月，美国天文学家苏梅克夫妇，与他们的朋友大卫一起发现了 SL9 彗星，即苏梅克－列维 9 号彗星。观测证实，这颗彗星的彗核已碎成 21 块，好似行驰于太空中的一列火车，只是 "车厢" 的长度惊人：长达 16 万千米，可以绕地球 4 圈。美国哈佛史密松天体物理中心的科学家计算出，这些彗星碎块将依次撞击到木星上，第一撞击块是 A21 号，此后是 B20 号、C19 号……最后一块是 W1 号。

1994 年 7 月 17 日，这次 "宇宙重大交通事故" ——彗木大碰撞终于发生，第一块彗核碎片以 60 千米 / 秒的速度撞到木星上，这相当于 1000 万颗投在广岛的原子弹所释放的能量，即 2000 亿吨 TNT 当量的爆炸！

撞击之下，木星表面当即 "长" 出一个蘑菇云及一个高达 1000 千米的大火球，并产生了 30 000℃ 的高温，相当于太阳表面温度

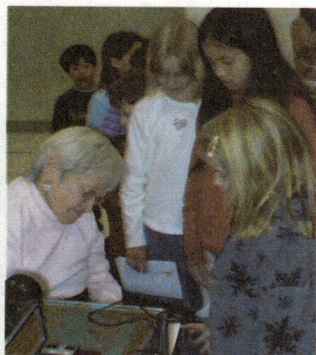

▲ 正在给小天文迷们签名的彗星 "猎手" 苏梅克太太

▼ 苏梅克－列维 9 号彗星

的 5 倍。木星表面由此留下直径约为 1 900 千米的暗斑，但 A 块是所有碎片中最小的一块。其中最大的碎块是 G15 号，直径在 3.5 千米左右，产生的烈焰升到 1 600 千米的高度，形成的撞击点面积相当于地球的 80 %，释放出 3 亿颗原子弹同时爆炸的能量，并产生了强烈的红外辐射。彗木相撞后，木星上留下 8 个直径 1 万千米以上的创面，成为识别木星的新标志。

木星全家福

▼哈勃望远镜分辨出彗星的 21 个碎块。科学家用英文字母给它们分别命名，来自太阳的辐射压力将彗核吹出一条条灰尘的尾巴。

　　科学家估计，直径超过 1 千米的大型近地小行星大约有 1 000 个，超过 50 米的恐怕上百万不止。最大的近地小行星直径不超过 25 千米，不至于把地球撞成碎块。彗星的数量可能比小行星还多，但它们大多数时间都在离地球非常遥远的地方旅行，总的来说，彗星的"有效数量"大约占近地天体总数的 10 %。

　　在约 1 000 个大型近地小行星中，科学家迄今只发现了一半，所以还没法做什么预测，只能谈谈概率。通古斯爆炸这种级别的事件可能每 100~300 年来一次。直径超过 2 千米的天体撞击平均 100 万年会发生 1~2 次，很少见，但会引发全球性的灾难，会令很多人丧生。综合考虑撞击事件发生的频率与后果严重程度：一个人被小行星砸死的概率大概是两万分之一，与坐飞机摔死的概率差不多，比中彩票的概率高 750 倍。不过概率并不会告诉我们灾难到底何时到来，小行星或彗星可不会踩着钟点往地球上撞。

　　这可能会发生在一百万年以后，也可能就是现在。

第四乐章

冲击波

6500 万年以前，地质学家管它叫中生代晚白垩世。这个纪元地球的地理分布已经与我们今天比较相近，南大西洋的张裂，隔开了南美和非洲；北美洲与欧洲已经分离；印度和马达加斯加一起"私奔"，"逃离"南极洲，之后印度又"遗弃"马达加斯加，并加速向北，一厢情愿地往欧亚大陆"奔"；澳洲大陆"逃离"失败，还与南极洲连在一起。

晚白垩世的气候比今天温暖许多，可以想象：恐龙哥哥可以穿着沙滩裤，恐龙妹妹穿着泳衣，头顶是白色遮阳伞，身边是茂密的棕榈林。这股清新的恐龙时代海滩风情也曾经出现在今天的北极圈、南极，以及澳洲南部。这样温暖的气候，一部分原因是浅海覆盖了大部分的

083

▼生活于晚白垩世的剑角龙（图片选自航空工业出版社：《恐龙真相》）

陆地，当时海平面的高度要比今天高出100~200米，使得这些浅海得以覆盖许多陆地。大陆相对集中（与现在的地球相比）、温暖。虽然很安逸，但也隐藏着不确定因素，比如天祸、大火。

▼受到惊扰的翼龙冲上云端

这一天，美洲墨西哥的尤卡坦半岛顶端"魔鬼之角"的恐龙，还在日复一日地干着同样的工作。长7.5米、重4~8吨的三角龙照例围成一圈，防御那些长15米、重6.5~7吨的暴龙，旁边是忐忑不安、长7~10米、重4.5吨左右的甲龙，浑然不知这是它们在这美丽世界上的最后一天。

而在遥远的地球外空间，一颗直径约10千米的天体正悄无声息地向地球飞驰而来。此前崩裂的一些小碎块先行杀入大气圈，奇异的光线划破本来宁静的天空，形成绚丽的"流星雨"。地球拼命扭动着圆滚滚的身躯，想躲过这次重击，但一切都是徒劳，只能硬着地皮等待天体的入侵。

随着坠落的巨大天体正面撞向地球，与大气摩擦引起的隆隆声引起了正在用午餐的暴龙的注意，它警觉地回眼望了一眼天空，远处的风神翼龙也被惊扰，倏然飞起。

天体正以7.5~45千米/秒的速度进入地球大气层，整个大气层瞬间被压缩，平流层中形成空洞或天窗，对流层中则形成强大的冲击波，这可怕的冲击波先于小天体到达地表。不可小看这冲击波，只要小天体穿越大气层时速度超过20千米/秒，就会形成超强的、致命的冲击波。

首先，小行星前面会有一个碗形冲击波，后面则出现一个低密度空洞。冲击波引起的最大压力可以高达20万个大气压，最大温度高达19 726.85摄氏度。

▲暴龙是有史以来体形最大的陆地肉食性动物

第五乐章

垂直打击

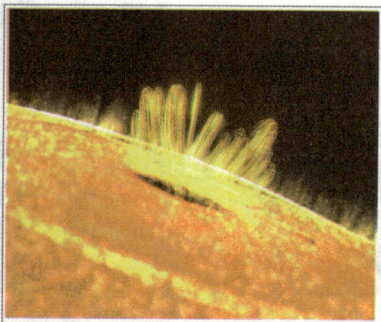

冲击波到达。

　　空中的风神翼龙首先被击中，在重压与高温之下成了一阵肉尘，随风散去。地面的可燃烧物开始燃烧：森林燃起大火，海洋开始沸腾与汽化，平原上硕大的三角龙、暴龙和甲龙群如同龙卷风中的苍蝇一般，被卷起吹散……

▲风神翼龙

　　冲击波到达后不久，撞击紧随而来，仅短短 1 秒，撞击地区便形成了直径 20 千米的陨石坑，30 秒后，陨石坑的直径已经达 80 千米。

　　碰撞产生的超强击波引起小天体和魔鬼之角的表面汽化，被蒸发了的岩石和金属及被熔化成液态的岩石很快就凝缩成极小的尘埃微粒。这些汽化产物沿小天体穿越大气时形成的空洞，一直抛射到大气同温层中，另一部分物质变成尘埃和碎屑后飞溅出撞击地区，顿时龙肉飞扬。

　　与此同时，大量海水也被汽化，形成高达几百米或上千米的水波，影响到几千千米以外。

▲巨大的陨石坑

▲骇人的山崩地裂

此时，被大撞击掀起的大石块虽然很快从空中落回地面，但是一个巨大的、由微粒构成的烟柱却腾空而起，直入大气层。撞击会产生一股强大的向上对流的空气，这股气流有助于把尘埃带到地球大气层中的逆温层顶部，即人们熟知的对流层顶。

在这里，空气的温度随着高度的下降而降低，并且易于形成不稳定的对流。当尘埃烟柱到达对流层顶时，便开始沿水平方向向四周扩散，形成我们所熟知、然而却绝不愿亲历目睹的蘑菇状烟云，如果撞击更加剧烈，尘埃还将继续升入 24.14 千米的同温层，甚至 48.28 千米的高空。

此时灾难才刚刚开始，在魔鬼之角的地下埋藏着一层厚厚的硫，这是非常可怕的易燃物。偏偏小天体打中了这个超级火药桶，瞬间爆发的大火在温暖的气候下迅速蔓延，倒霉的恐龙们，好不容易才躲过第一拨打击，却又在第二拨的打击中变成了烤肉。

这些还没结束，极大的撞击力必然会诱发地震。陨石冲击所引起的地震非常强烈，这颗直径 10 千米、速度为 20 千米／秒的小天体撞击后，在约 2 000 千米的范围内引起高达 9 级的地震，顿时山崩地裂。

▶等待它的将是什么？

第六乐章

无间地狱

在经历了冲击波和垂直打击后，残余的恐龙并不安宁，等待它们的是更残酷无情的无间地狱。

撞击至少将 60 倍于小天体本身的岩石粉末抛射到大气层中，其中很小一部分——恐怕有 10 亿吨重的粉尘，包括大量的尘埃、水蒸气、岩石粉尘、二氧化碳和二氧化硫（撞击地表白云岩和石灰岩所致）进入大气同温层，并开始在同温层滞留数十年甚至数百年之久，逐渐蔓延至整个地球上空，形成漫长而黑暗的冬天。

撞击发生后的第二日清晨没有黎明，中午时分天空仍一片漆黑，这种黑

▶ 恐龙在经历了冲击波和垂直打击后，显得分外慌乱

区分肉食性恐龙与植食性恐龙

肉食性恐龙都有较大的头和嘴，嘴里有大而弯曲的利牙。例如，我国四川发现的永川龙就有尖锐的、带锯齿的、向后弯曲的牙齿。而暴龙则生有利剑般的牙齿，牙齿边缘也有锯齿，其中最长的可达 20 厘米。植食性恐龙的牙齿则平而直，没有锯齿，只能用于咀嚼。

植食性恐龙牙齿形状和大小取决于它们所吃的植物。例如，蜥脚类恐龙有勺形齿或钉状齿，便于剪断茎和叶。这是因为它们主要吃苏铁类和蕨类植物。鸭嘴龙类主要吃的是石松类植物木贼，这种植物含硅质较多，十分坚硬，所以鸭嘴龙的嘴里上下左右都有牙齿，一个接一个，密密麻麻排成许多行，最多的有两千多颗，这是对长期吃硬食的一种适应。

此外，肉食性恐龙有大的头骨和腭骨，脖子粗短，一般用后肢走路。而植食性恐龙头小脖子长，通常用四条腿走路。

▲缺乏阳光的照射和身体温度的降低，很可能会影响恐龙后代的性别（图为迪士尼电影《恐龙》剧照）

暗持续了若干星期。在此期间，气温日复一日地下降。在内地地区，气温总计可能下降40摄氏度。这足以变夏日为冬日。至于在沿海地区，气温下降会少得多，可能只下降15摄氏度，这是出于海洋温室效应的缘故。

日照的锐减和严寒的侵袭将使大部分植物和树木遭到毁灭，河流和山涧都被封冻，许多恐龙会死于饥饿和寒冷。一些靠光合作用维持生命过程的生物突然大量死亡，进而导致生物链的崩溃。陆生植物、浮游生物，以及植食性恐龙、肉食性恐龙出现大范围的死亡。

令人郁闷的是，恐龙作为爬行动物，它们需要阳光的照射，以便体内可以利用维生素D来吸收钙质，否则就会因罹患佝偻症（俗称软骨病）而死亡。而撞击之后的日照水平和气温则不知道要多久才能恢复正常。更可怕的是，阳光照射量和身体温度的降低，很可能会影响恐龙后代的性别，如果持续低温，则会有大批雄性恐龙破壳而出。性别的失衡也是灭绝的一个重要原因。

撞击发生的数年后，陨石坠落引起的烟尘附着二氧化硫形成硫酸液滴，也就是酸雨，落到地球的每个角落。几十年之后，阳光总算回到地面，地球总算回到了春天，不，是回到了漫长的盛夏。由于陨石坠落而产生的大量的二氧化碳导致强烈的温室效应，使地球的气温大幅升高，高温与酸雨使已经处在灭绝边缘的恐龙真正陷入了无间地狱。

▼酸雨破坏的森林

最后，在经过苦苦挣扎之后，那些曾经称霸地球长达1亿6000万年之久的庞然大物终究没能逃过覆亡的命运，而温血的、小不点儿的哺乳动物终于有契机占据了地球。

第七乐章

小阿尔瓦雷斯的发现

"**你**看过小阿尔瓦雷斯的新作《暴龙的最后一眼》吗？"一位美女在商场与罗斯搭讪。罗斯是个有些书呆子气的古生物学家，也是我的六位好朋友中学历最高的一个，这段邂逅发生在他陪瑞秋购物时。与古生物学家聊恐龙灭绝，再加上对方是一位美女，自然是一段美丽的故事，而且这位美女对罗斯也很好奇，认为他又是古生物学家，又热爱锻炼，简直就是《夺宝奇兵》中的琼斯博士再世……

▲画家笔下的白垩纪场景

不过，阿尔瓦雷斯这个名字曾经在很长时间让古生物学家感到沮丧。因为这位物理学家、诺贝尔奖得主和他的地质学家儿子联手在 1980 年的《科学》杂志上发表了著名的论文《白垩纪 – 第三纪大灭绝的地外因素》，此文中将距今 6 500 万年的恐龙灭绝事件"归罪"于陨石的撞击。

▼小阿尔瓦雷斯

虽然科学家在这篇论文发表后掀起了激烈的论战，其中一个主要论题是大多数的陨石痕迹都可以由巨大火山的爆发制造出来，随后又有理论用陨石撞击导致火山大爆发的说法来反驳。但目前为止，恐龙的灭绝主因还是以阿尔瓦雷斯父子的那篇论文为主要理论，这也就是让古生物学家感到沮丧的原因。如此古生物化的课题，怎么就让地质学家与物理学家揽去了呢？

▲K/T 交界只有 10 厘米厚的黏土层

1980 年，小阿尔瓦雷斯在意大利的古比欧考察晚白垩世 – 第三纪交界（K/T 交界）的沉积层，这是一层只有 10 厘米厚的黏土层，它与下面早白垩世、上面第三纪的岩石全然不同，它来自当时的海底沉积层，里面

▲《高达》虽然是动画片，但里面包含了很多可预知的未来科技

包含了一些极小的浮游生物化石。不要小看这 10 厘米的石头，它们很可能保守着恐龙灭绝的秘密。当然，小阿尔瓦雷斯当时没有想到这么多，他只是想知道这薄薄一层到底需要多久的时间来沉积。

于是，小阿尔瓦雷斯取回样品，回去跟他父亲商量。他父亲阿尔瓦雷斯是美国著名高能物理学家，因发现仅存在于高能核酸碰撞中的亚原子粒子而获得 1968 年的诺贝尔物理学奖。

说句题外话，你可能压根儿没有听过阿尔瓦雷斯说过什么，更不想知道什么是"高能核酸碰撞中的亚原子粒子"，但你或者你家小孩很可能知道日本的动画巨作《机动战士高达》（简称《高达》），而《高达》里面到处乱射、把宇宙弄得一片血腥的米加粒子炮、机器人就是基于阿尔瓦雷斯和米诺夫斯基的学说制作出来的。

反正阿尔瓦雷斯就是一位经常搞"碰撞"的高能物理学家，当他看到小阿尔瓦雷斯拿回来的样品并听到绘声绘色的描述之后，一个有趣的念头产生了……

第八乐章

阿尔瓦雷斯的撞击

阿尔瓦雷斯当时灵光一现，他想到，脚下的地球常有陨石落下，在大气层中燃烧成灰尘，然后就同天女散花般慢慢散落而沉积在地上。

而几亿年来，欺负地球的陨石落量似乎很平均，说不定通过测定岩石中含有的陨石所含有之稀有金属的含量，就可以估计岩层的沉积速度。

于是他们请米歇尔及阿沙罗来协助检测古比欧岩石样本中的稀有金属，看看陨石中含量巨大而地球岩石中极为稀少的铱、铂等金属在岩石样本中到底有多少。

米歇尔等人用中子束来打击岩石样本，使铱具有放射性，这样由它所放出来的高能量 γ 射线就可以帮助我们了解铱的含量有多少。

由此法所测知的古比欧岩石样本铱含量让阿尔瓦雷斯父子大跌眼镜，这层黏土里铱的含量竟有几十毫微克，比普通岩石高出 30~160 倍！

那么，古比欧岩石样本中如此异常的铱，是不是可以说明晚白垩世时期的陨石特别多？或者是有一颗大如小行星的陨石落地？

▼铱，原子序数 77，原子量 192.22，元素名来源于拉丁文，原意是"彩虹"。铱在地壳中的含量为千万分之一，常与铂系元素一起分散于冲积矿床和沙积矿床的积压种矿石中

阿尔瓦雷斯父子深知这个猜想意义重大，于是发动力量，让旗下的团队四处查询其他已知 K/T 交界带岩石中的铱含量。

果然，几乎所有的 K/T 交界岩石中的铱含量都很异常，而且是一个全球性的现象。因此，阿尔瓦雷斯父子提出了恐龙绝灭新假说——小行星撞击说。

这一假说轰动一时，令世人震惊，备受媒体青睐。阿尔瓦雷斯父子的假说一出炉，立刻引出大量的理论和数据支持灾变说：死亡星座轨道引发的流星雨或陨石，可能就是冲撞地球的凶手；铱的反常存在证据确凿，定年后发现其出现的时间与假设的恐龙大灭绝时代非常接近；树叶与花粉化石也透露出当时植物的种类与数量确实有所改变；等等。这些都使得 6500 万年前有撞击论更具说服力。

但是，古生物学家却一直对这个假说心存芥蒂，出面赞成的人廖廖无几。而扬扬得意的阿尔瓦雷斯则讥笑古生物学家仅仅是一群"集邮爱好者"——只知埋头挖地，多多益善，却不知如何研究。

古生物学家马上奋起反击：在阿尔瓦雷斯假设的地外灾难降临前的数百万年，地球的气候、地理，恐龙数量与种类都已起了显著的变化，比如海面缩小、气温下降、恐龙的数量与种类递减等，这些都是灭绝的前兆。

▶ 目前，很多古生物学家都认为恐龙未亡，它们就是今天的鸟儿

第九乐章

没完没了的假说

上回说到阿尔瓦雷斯与古生物学家起了争执。最初，古生物学家并不想简单承认地外的因素就是恐龙灭绝的唯一根据，但后来发现的一系列证据表明，在恐龙王朝的最晚期，地外来的小行星确实给恐龙造成了很大的影响。而且这样的撞击不仅仅发生过一次，比如我们此前说过的，来自美洲墨西哥

▲恐龙胚胎化石

的尤卡坦半岛顶端魔鬼之角的撞击。地质学家找出 2005 年检测的从陨石坑正中部位钻孔取出的岩石样本后却发现，魔鬼之角的年代距白垩纪的结束可能至少还有 30 万年。如果这一结论正确无误，那么我们就不得不去寻找更合适的陨石坑。

不过，也不用担心我们就此对恐龙灭绝之谜陷入困境，因为对这个谜团还有许多没完没了的假说，具不完全统计，公开发表的假说就有 100 多种，比较出名的有下面几种。

▼魔鬼之角陨石坑重力异常的电脑模拟地形图

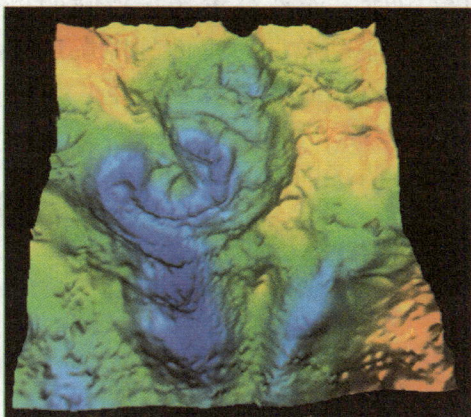

"性别失调论"，由于天气寒冷，雌性恐龙会孵出大量的雄性小恐龙，慢慢地，恐龙世界的雌雄比例严重失调，随着雌性恐龙的逐渐减少，恐龙家族也就走向了灭亡。不过，海龟等爬行动物的性别也受温度调控，为什么它们就能幸存？

"中毒论"，提出这个观点的人认为，地球从白垩世开始，被子植物开始快速发展，其中不少植物含有毒素，恐龙因为吃错食物，体内的植物毒素积累过多，最后死掉。但令人费解的是，这场植物的"复仇"真的可能出现？这些几亿年来被动物胡乱折磨的植物（直到现在还是），有可能一下子毒死散布在各地的所有恐龙？开玩笑！

▲ 生活于白垩纪的重爪龙，是什么使它最终走向灭绝了呢。

"哺乳类竞争论"，显然这是具有"哺乳类为王"情结的人提出的，他们希望那些鬼鬼祟祟生活在恐龙屁股后面的小动物发动"后院起义"，最后去消灭恐龙，并假定它们特别喜欢吃蛋，天天吃恐龙蛋，以此为战斗之源。好吧，不能否认这些情况确实有可能发生，比如中国辽西早白垩世就发现了吃小鹦鹉嘴龙的爬兽，但那些小家伙能够在1亿年不到的时间给恐龙致命的打击？说出来都没人信。不然的话，你去看看兽脚类这群杀手的牙齿与分布就可以了。

最后是"臭氧层破坏论"，也就是大名鼎鼎的"屁论"。提出这个观点的人认为，从人推测，一个屁大约由 59 % 的氮、21 % 的氢、9 % 的二氧化碳、7 % 的甲烷及 4 % 的氧气组成。而部分重达近百吨的恐龙，每天要吃几百千克的食物。于是恐龙不断放屁，里面的甲烷最终破坏了臭氧层，臭氧层消失后，恐龙直接暴露在紫外线辐射下，最终绝种。这当然是超级无厘头的"假说"。

最后说一句：恐龙的灭绝，肯定是由诸多因素导致的，其中地外的撞击可能是一支高剂量的催化剂，而恐龙本身，它们高度特化，在环境的剧变下终于灭绝。

这就是现在古生物学家的普遍观点。

有点说了白说的意味。

◀ 鹦鹉嘴龙

抓住鱼龙的玛丽

　　古生物史，或是整个科学史，都有很多激动人心的传奇，很多科学家在排除万难之后，终于到达彼岸，从而得到光芒四射的荣誉。在很多时候，这些传奇就犹如一棵绚烂夺目的圣诞树，上面挂满了各式各样令人心动的彩球、彩带、星星，树下则堆满了礼物盒。这些其实都是浮光掠影！礼物盒其实也是空空荡荡的，不少时候，你最后得到的只是一双臭袜子而已。

第一乐章

超级玛丽

古生物史，或是整个科学史，都有很多激动人心的传奇，很多科学家在排除万难之后，终于到达彼岸，从而得到光芒四射的荣誉。在很多时候，这些传奇就犹如一棵绚烂夺目的圣诞树，上面挂满了各式各样令人心动的彩球、彩带、星星，树下则堆满了礼物盒。这些其实都是浮光掠影，礼物盒其实也是空空荡荡，不少时候，你最后得到的只是一双臭袜子而已。

因为古生物学家也都是凡人，就像美国梦的背后更多的是艰辛，从这一部分开始，我会介绍这个学科中一些耳熟能详的"星"，"八卦"他们，透过他们身上的光环，还原出他们真实如邻家的本色。

这一次先说玛丽的故事，"Mary"在整个英语国家都是一个极为常见的名字，其中最有名的要属《圣经》中耶稣的母亲玛丽亚（也有译作马利亚），而在希伯来语中，Mary 意为"苦"，叫此名字的人，据说多半会文静、温和。

▼蛇颈龙被上龙捕杀的恐怖场景

有趣的是，在古生物学中，玛丽这个名字则非常出彩，我曾经开玩笑说，以后如果生了女儿，就叫她邢玛丽。因为"玛丽"已经揽获了大量的古生物发现，比如玛丽·安宁发现了鱼龙与蛇颈龙、玛丽·安帮助丈夫发现了禽龙、玛丽·利基在非洲发现了大量古人类化石

▲鱼龙是中生代生存过的已绝灭的鱼形爬行动物

▲玛丽·安宁女士

▲海滨贝壳

098

等，所以说，玛丽这个名字是古生物学中不灭的幸运星。

下面我要讲讲玛丽·安宁，很多国内的科普书都把安宁描绘成为古生物事业奋斗终身的人，简直就是"红白机"时代的超级玛丽，这"光辉版"的安宁传奇可见下文。

安宁当年只有 12 岁，家境贫困，父母亲没有能力负担她上学的费用，因此失学在家。但是，安宁很懂事，每天总想着如何为家庭分忧，她经常跟父亲一起到海滨拾贝壳、捡化石，然后卖给城里的有钱人家赏玩，渐渐地，她有些经验了……

一天，父亲忙于别的事，母亲在家里劳动，她就一个人向海滨走去，希望能找到一些"宝贝"，好换钱贴补家用……她又一次把目光投到周围的岩石上，在离她不远的一块灰黑色的薄板状岩石上仿佛有一样带花纹的东西，吸引着她走了过去，她俯身细看，那是一块不寻常的岩石，好像一条大鱼的骨骼清楚地印在上面，有嘴、有头，有半个躯体，但后半身还埋在岩层内，她估计了一下，足有她整个身子那么高，凭她的力气和空空的双手是无法取出来的，即使取出来，也背不回去……

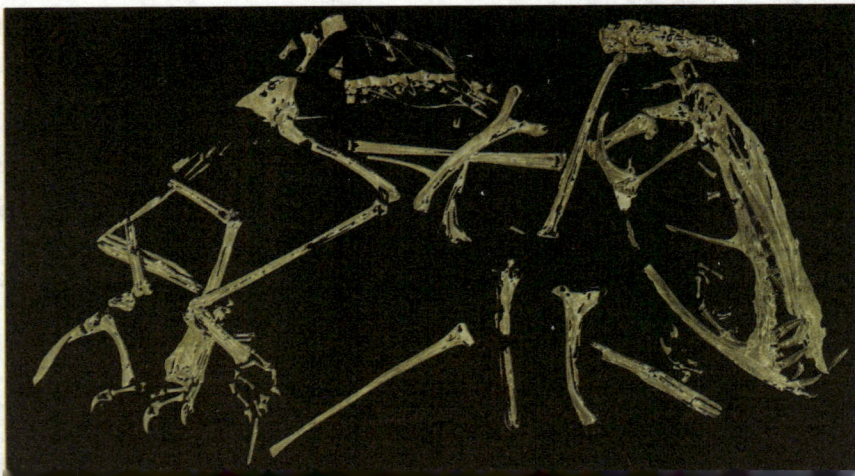
▲玛丽还发现过不少翼龙化石

第二乐章

莱姆镇

上回说到"光辉版"中的安宁在海边发现了化石，然后父女俩同心协力，很快将这块鱼形的宝贝取下了。但化石有 3 米长，两个人根本抬不动，只好请人帮忙才抬回了家。消息很快传开，伦敦自然史博物馆的科学家听到后，前来观看，认为这是十分重要的化石，于是欣然将其收购。

▲莱姆镇的海边

经专家们反复研究，终于确定，这是生活于距今 1.7 亿年的侏罗纪海洋里的鱼龙化石。又过了几年，安宁还发现了一条蛇颈龙化石。由此，古生物学史上留下了这位女孩——玛丽·安宁的名字！

这真是一个可以归入励志类的文章，但实际的情况是什么样子的呢？

▼莱姆镇的化石商店

玛丽的蛇颈龙化石

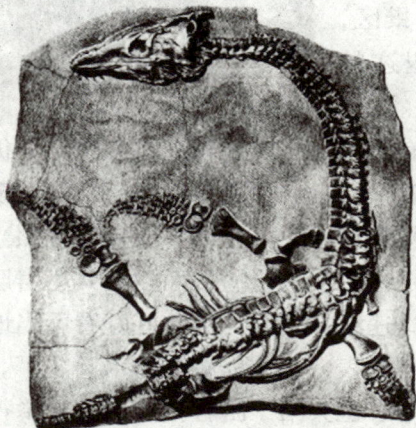

VISIT
THE ORIGINAL
FOSSIL SHOP

The
Lyme Regis Fossil Shop

▲1869年时的莱姆镇

▲落日中的莱姆镇

我们先介绍一下安宁的家乡——莱姆镇，被称为"多塞特的明珠"，以丰富的化石资源闻名于世。这处海滨至少在两部名著中被重彩描写过，一是赫胥黎的《天演论》，一是约翰·福尔斯的《法国中尉的女人》。福尔斯写道：莱姆镇和埃克茅斯之间，有一片六英里长的地段向西伸展着，这是英格兰南部最奇特的海边风景区之一。从飞机上看，这片风景区并不壮观。在海岸的其他地方，四野往往通到峭壁的边缘……低处是深深的峡谷，高处是白垩和燧石形成的奇形怪状的悬崖峭壁。这些悬崖峭壁宛如废弃的古堡墙壁，从周围苍翠的树林中拔地而起。而文中的主角查尔斯也正是整天去海滩捡化石以期待与莎拉邂逅。

此外，《傲慢与偏见》的作者简·奥斯汀在《劝导》中对此也曾有过美轮美奂的描写："引人遐想的山岩间，丛林稀疏，果园里却果实累累。沧桑变迁的遗迹依稀可辨，多少年前的崖壁断裂坍塌后，几经风蚀，形成了这片使人赏心悦目的风景区，几可与名闻遐迩的怀特岛相媲美。"

◀《傲慢与偏见》的作者简·奥斯汀

此前，我有幸去过一次莱姆镇，那里至今仍是寻找化石的天堂。在一大片海滩上，很容易发现鹦鹉螺和箭石，甚至是海龙类化石。而且，按照当地法律，你只要是在海滩上拾捡，而不是开凿岩层取出化石，就不算违法。不过你可要好好看看当地海事处贴出来的潮汐表，别被涨潮的海水卷走了。而莱姆镇的游客中心也会给予游客指引，定期举行收集化石的短线旅游。

▲这些也许就是古生物留存的痕迹

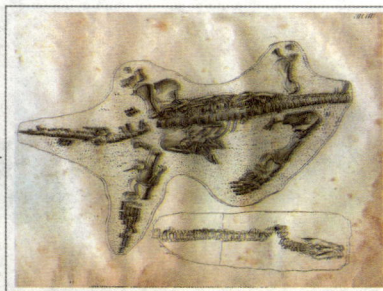

第三乐章

但求温饱

简·奥斯汀的哥哥曾是一名舰长，服役于英国皇家海军舰队，参与过后风帆时代规模最大的特拉法尔加海战。战后，奥斯汀一家到莱姆镇度假，奥斯汀在写给妹妹卡桑德拉的信中提到过一个叫理查·安宁的木匠，说这位木匠手艺了得，却在温饱线上挣扎。

理查·安宁就是玛丽·安宁的父亲。1810年，他病入膏肓，抛下妻子和 13 岁的幼子约瑟夫及 11 岁的安宁而去。理查一共有过 10 个孩子，但是他们生活在剥削最残酷的资本原始积累时期，有 8 个孩子先后因为饥寒交迫而夭折了。理查死后，留给妻子和两个孩子的是一无所有的家和一屁股债务。穷人的孩子早当家，自约瑟夫懂事以来，他就常常带着妹妹去海边悬崖挖些化石卖钱，这门技术是他父亲一手传给他的。

后来，安宁就经常去海滩捡贝壳和采集小化石，然后将它们卖给游客。后来，人们普遍认为，她的经历就是那首著名的绕口令《她在海边卖贝壳》的原始素材，你可以挑战一下你的舌头：She sells seashells on the seashore, And the shells she sells are seashells, I am sure, if she sells shells at the seashore, the shells she sells are seashell s for

▼ 玛丽的贝壳

▲上龙化石

sure.（大意：她在海边卖贝壳，我肯定她卖的贝壳是海贝壳，如果她在海边卖贝壳，她卖的当然就是海贝壳喽）

1809 年，约瑟夫在一处断壁上发现了一具巨大的动物化石，他高兴地发动全家人去挖掘。年仅 10 岁的玛丽在发掘中显示出了她对这项工作的天分，这具化石很多精致的部分，比如像玉米棒的鱼鳍、面包圈式的眼睛，都是由她采集出来的。理查死后，安宁一家经过近一年断断续续的挖掘，终于可以把这具完整的动物化石拿去销售了。化石很快被一位叫霍姆的学者买下了。这具化石是世界上第一具被带入科学殿堂的完整鱼龙化石。霍姆对它进行了反复的研究和思索，但是他仍然没能跳出传统思维的桎梏，最终于 1819 年将其命名为蝾螈龙，并宣称这是鳄鱼和蝾螈的中间品种。

顺带一提，尽管安宁一家挖出的化石很出名，但他们始终生活在穷困之中。直到十九世纪二十年代，一位富有善心的收藏家在了解到安宁家的窘境后大发慈悲，把自己的上等化石藏品全部拍卖并将所得赠给安宁家，他们才终于过上了温饱的生活。

此后，安宁还发现了完整的蛇颈龙和翼龙化石，这是后话了。

所以，安宁当然不是那种为古生物事业奋斗终身的人，挖化石是安宁一家得以活命的唯一保证，什么"热爱"之类的根本无从谈起。对于化石，安宁手中所有的工具就是榔头和篮子。

▶玛丽·安宁和她心爱的小狗

英格兰有一首儿歌 Mary had a Little Lamb，大意是玛丽有一只小羊羔，它的毛像雪一样白，不管玛丽去那里，这只羊羔一定去。而追随安宁的则是一条黑白相间、非常可爱的小猎犬，这只嗅觉敏锐的小狗常常与玛丽一起寻找化石。但小狗在后来一次外出中，因为坚守在一个化石旁边，而被崩塌的岩石压死了，成了科学的殉难者。

和简·奥斯汀一样，安宁终身未嫁。48 岁那年，她在乳腺癌的折磨中去世。

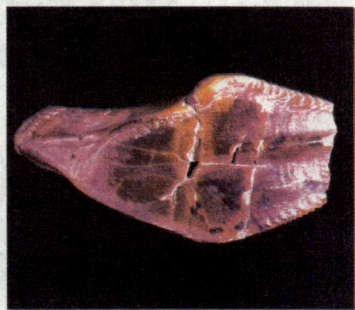

PART 8

恐龙创世

对恐龙的研究，甚至整个古生物学科，是从哪里起步的？

此前，人们从来想过，在我们的后院里，在我们的家园中，居然有一群叫"恐龙"的动物在地球上生存了将近 1.6 亿年之久。那么，谁是最早发现并描述恐龙的人？这可是一个了不得的成就！成就越大，争议也就越多，因此，便有了很多故事……

第一乐章

从"人的阴囊" 到巨齿龙

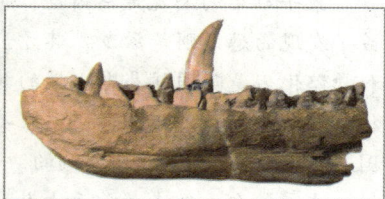

对恐龙的研究，甚至整个古生物学科，是从哪里起步的？

此前，人们从未想过，在我们的后院里，在我们的家园中，居然有一群叫"恐龙"的动物在地球上生存了将近 1.6 亿年之久。那么，谁是最早发现并描述恐龙的人？这可是一个了不得的成就！成就越大，争议也就越多，因此便有了很多故事……

纵观整个恐龙研究史，最初是在 1676 年，英国某地发现了一批奇怪的大骨头，并有幸被有心人记录下来，虽然当时它们是被当作违背上帝旨意而被扼杀的生灵的遗骸。1677 年，文物研究者波尔蒂博士将其中的一块骨头命名为"人的阴囊"，其实这是恐龙股骨基部化石，可见当时的人们根本就没有恐龙这类生物的概念。

▼ "人的阴囊"其实是恐龙股骨基部化石

▼ 巨齿龙

恐龙为什么叫"恐龙"

最早命名的恐龙是巨齿龙，而最早发现的恐龙则是禽龙，其牙齿和骨骼化石是英国刘易斯小镇的曼特尔医生与妻子安于1822年3月在英国南部的萨塞克斯地区采集到的。

在曼特尔和巴克兰前无古人的研究后，这类动物开始揭开神秘的面纱。1841年7月30日，英国古生物学家欧文爵士在普利茅斯的一次演讲中，把这些奇怪的动物命名为"dinosauria"，并在1842年首次见诸《英国化石爬行类》一书。这个名词的原意来自希腊文"deinos"（巨大、恐怖的）和"sauros"（类似于蜥蜴的爬行类），欧文还在论文中加了一个脚注，英文是"fearfully greatalizard"（非常巨大的蜥蜴）。可见欧文的原意是想描述一种巨大的、令人敬畏的动物，而不是许多辞典所解释的"terrible lizard"（恐怖的蜥蜴）。

"dinosauria"这个词很快传播到全世界。在东方，日本人最早接触到它。最初的翻译有"恐竜"与"恐蜥"两种。关于恐龙命名的争论直到"二战"后才得到彻底统一，静冈大学文学部的荒川纮认为："蜥蜴太过于贫弱，竜更加给人以心理上的震撼，所以恐龙的译法更合适。"而"竜"字音龙。于是"竜""龙"便相讹混淆。如此，国内就把日文"恐竜"一词衍生为"恐龙"，恐龙之名就叫开了。

而真正意义上的科学描述恐龙的桂冠落在了巴克兰和曼特尔身上。前者是有着许多怪癖的牛津大学地质学家兼牧师，喜欢在房间里饲养鬣狗和豺。他试图把这类已绝种的大型爬行动物与《圣经》中的"创世纪"联系起来，以此来证明伟大上帝的存在。后者是鞋匠的儿子、皇家外科医师学会会员、皇家炮兵医院的外科医生。他虚荣心强，自命不凡，固执地认为恐龙会使他成名且富足，却未料因此断送了自己的性命。可不管怎么说，古生物史上再也找不出一名像他这般投入的业余古生物学工作者了。

1818年至1819年，巴克兰在牛津城外一个名为斯通菲尔德的小镇搜集到一批颇为奇特的化石，包括一块长着匕首状牙齿的颌骨，以及一些十分零碎的脊椎、肢骨与肋骨。1824年，他将这种动物命名为巨齿龙，意思是"巨大的蜥蜴"。这就是第一只被科学命名的恐龙。

但人们却经常把最早发现恐龙的光环放在曼特尔身上，到底是他发现化石的时间比巴克兰早，还是他就是一位悲剧英雄？相关故事很多，但出入很大，下面就让我们到曼特尔的城镇小天地去看看。

▲ 禽龙第一块化石：二枚牙齿

第二乐章

阿白垩王国刘易斯

记得几年前，我得一机缘访问英国，公事办妥之后就匆匆前往刘易斯镇朝圣。从伦敦枢纽中转站维多利亚站坐上火车前往布莱顿市，这趟列车会途经刘易斯镇站。有一点一定要注意，初次乘这趟列车，请务必向站台引导员询问清楚，你踏上的车厢是不是开往刘易斯镇的？而且一定要问清楚车厢，因为中转站的列车经常在很短的时间内化整为零，转眼之间，几个不知道从哪里冒出来的火车头拖着几个车厢就屁颠屁颠走了，经常有初来乍到者上错车。

刘易斯镇距离伦敦 65 千米，它的名字来自盎克鲁－撒克逊语"Hlew"，即为"山"之意。与中国的山城重庆类似，这座位于英格兰东南部的城镇也是建在山地上的。刘易斯镇历史悠久，1264 年，英格兰国王爱德华一世与其父在对贵族的内战中，在此惨败，史称"刘易斯战役"。

今日的刘易斯镇是东萨塞克斯郡首府，东萨塞克斯郡给游客留下最深印象的应该是峻险壮观的白崖。白崖之所以白，是因为它的构成是一种名为白垩的极细而纯的粉状灰。如果把这些粉状灰拿到电子显微镜下观察，你会发现一个美轮美奂的世界⋯⋯

▲白崖夕照

▼白崖山色的峭壁特写

▲曼特尔（1790—1852）

它们全部是直径在 30 微米以下的极为微小的钙质超微化石，有的像椭圆形的盘子，如颗石（coccolithus）、桥石（gephyrocapsa）、艾氏石（emiliania）；有的像螺旋形条纹的盘子，如钙盘石（calcidis-cus）；有的像长棍状的法国面包，如棒石（rhabdosphaera）；有的像一条独木舟，如舟石（scapholithus）；有的则像是一堆可口的馕，如条球石（syracosphaera）；等等。这些钙质超微化石加上与其共生的有孔虫化石，就在英、法海峡两岸形成美丽的白崖，这片白崖绵延几十千米，在大西洋的潮水日夜冲击之下，惊险而壮观。

这片海岸线之后便是一个个古色古香、有着深厚历史积淀的小镇。刘易斯镇就是一个典型的英式小镇。这里安全、静谧，居民极为友善，漫步于此，总是让人感到别样的宁静与气度。

古镇最大的好处就是很难感觉到时间的消逝，而早春的蒙蒙细雨透着寒意，不紧不慢的雨水沁人心脾。我坐在刘易斯镇上的咖啡馆里，点了一份炸鱼配土豆条，蘸着盐或醋，想着距今约两百年前，即 1822 年 3 月的某天清晨，曼特尔老兄在这里，可能就在我附近的一座民宅中，都干了些什么……

▶刘易斯小镇上古老的教堂

第三乐章

安的意外收获

1822 年3月的一天清晨，曼特尔一边喝着咖啡，一边欣赏着家中展示橱窗里面的鳄类、蛇颈龙等爬行动物的化石，最后，他的目光停留在一块巨齿龙股骨上。这位孤僻而自负的大夫的嘴角露出了一丝胜利的微笑，这可是他花了重金才买回来的。用咖啡醒神后，曼特尔穿上毛衣和外套，再披上雨披，告别正怀着两个月身孕的妻子安，下乡间出诊了。

安非常敬重自己的丈夫，深深感动于他对化石的执着追求。时间久了，安自己也对这些奇怪的石头产生了兴趣，虽然初衷是为了和丈夫找到共同语言从而更好地相处。现在，安经常跟着曼特尔到野外考察，曼特尔采集标本，安则绘制地层图，几年下来，整个东萨塞克斯郡差不多被他们跑遍了。前几天，卡克费耳德梯尔盖特森林矿场的矿工又送来了一堆含有小骨头的矿石，此时就堆在房前小池塘的边上，闲着无事，安开始仔细地查看这堆石头。"碎石堆可是一个经常能找到小化石的宝地"，安自言自语地说。

▲巨齿龙最初的复原图

▲巨齿龙已发现的骨骼化石示意图

居维叶

居维叶（1769—1832），法国动物学家、古生物学家，比较解剖学和古生物学的开创者。他使记述解剖学发展为比较解剖学并成为动物分类的根据，将动物界分为脊椎动物、节足动物、软体动物与辐射动物四大支。所作巨著《骨化石》（十卷），记载与描绘了巴黎盆地进行过的发掘，对脊椎动物的化石进行了鉴定和分类。他用化石来确定和划分地层年代，根据不同地层中所观察到的不同类型的化石，提出了激变论，竭力反对拉马克的进化学说。

▲巨齿龙长着匕首状牙齿的颌骨化石

突然，她发现一块岩石的断面上有几个非常圆润光滑的小东西，在阳光下闪烁着黑亮的光芒。出于女性特有的敏感，她把这些化石小心翼翼地撬了出来（资料多说安是接丈夫回家的途中，在修路的石头堆里发现的化石，但无可考，难以取信）。

直到中午，曼特尔才赶回家。当他接过这些化石时，欣喜若狂。这些化石竟长达数厘米，它们呈现出奇特的凿子形状，同时在一侧具有凹槽。同那个时代，许多博物学者一样，曼特尔同样拥有着精湛的地质学知识。他知道梯尔盖特森林矿场是白垩系的地层，而且应该是淡水湖相沉积。根据这些线索，曼特尔研究以后断定，这是动物的牙齿化石，这种动物生活在白垩纪，食草、爬行、体形庞大，可能有十几米长！可这是什么动物的牙齿呢？曼特尔陷入了深深的困惑。

深秋，曼特尔得知好友莱尔要去法国拜访居维叶，便委托莱尔把其中一颗牙齿化石与部分骨头带给居维叶鉴定。居维叶这位法国男爵科学家曾经是拿破仑的旧臣，此时他已经年过五旬，正闲赋在家。他仔细观察了化石后，发现牙齿的齿冠曾经受到高强度的磨损，以至于呈平滑的倾斜状，很明显这种动物是以植物为生的。于是，男爵便轻描淡写地断定这是颗犀牛的上门齿，骨骼则是河马的，它们是洪荒时代的留存下来的。

禽龙开启龙时代

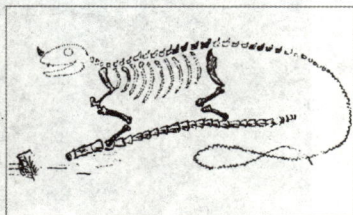

现在我们都知道，居维叶显然是误判了这只可怜的动物。这是居维叶一生中为数不多的几个错误之一，后来他为这次的错误高姿态地道了歉。但男爵在误判的同时还提供了一个后来至关重要的线索，他建议那位发现这颗牙齿的先生可以去伦敦皇家外科学院的亨特瑞安博物馆对比查证一下，因为这个博物馆有着大量的动物骨骼可供对比。

曼特尔对莱尔带回的答复很不满意，他坚信自己发现的是某种尚不为人所知的史前动物。于是曼特尔又把化石送给英国牛津大学的巴克兰鉴定。巴克兰一听说这些化石已经由居维叶鉴定过，也毫不迟疑地同意了男爵的说法。这位身穿长袍、手牵鬣狗的牧师还劝曼特尔要小心行事，如果鉴定错了成了笑料，那么以前好不容易积累的好名声就毁了。

众口铄金，现在曼特尔也开始怀疑自己最初的判断，但他仍然不相信这一结论，于是开始独自进行研究。1825年，还是毫无头绪的曼特尔突然想起男爵说过可以去亨特瑞安博物馆对比标本，于是便来到了这座古老的博物馆。

▲伦敦皇家外科学院亨特瑞安博物馆有着极为丰富的脊椎动物骨骼标本

▲劝曼特尔要「小心行事」的巴克兰

▶禽龙

也是机缘所至，在这里，曼特尔遇到了访问学者斯塔奇伯里。斯塔奇伯里当时年仅 27 岁，是一位博物学家与地质学家。斯塔奇伯里看了曼特尔的宝贝牙齿化石后说："咦，这和我正在研究的南美洲鬣蜥的牙齿好像差不多啊，你看。"

▲我是著名的加拉帕戈斯鬣蜥，禽龙和我长得像吗？

一语惊醒梦中人，曼特尔看着斯塔奇伯里手中鬣蜥的牙齿，顿时惊呆了——两者竟然如此相似！于是，曼特尔毫不犹豫地给自己发现的动物取名"鬣蜥"，认为它是鬣蜥已绝种近亲的牙齿。后来，在英国牧师科尼贝尔，也就是沧龙的命名者的建议下，曼特尔才把这种史前巨兽的名字更改为 iguanodon，意思是"鬣蜥的牙齿"，其中字尾 don，源自希腊字根，意即牙齿，这便是后来为我们所熟知的禽龙。

就在曼特尔兴高采烈地写了禽龙的论文，递交给英国皇家学会后，他得到一个非常不幸的消息：一个与禽龙同时代的史前巨兽刚刚有人做过正式描述，而且这人不是别人，就是奉劝曼特尔不要仓促行事的牧师巴克兰，化石被命名为巨齿龙！当曼特尔心有不甘，愤愤不平地发表了禽龙论文后，却发现，古生物学家对恐龙的认识是从禽龙开始引爆的，而不是在巨齿龙那里。

这到底是怎么一回事？

第五乐章

帕金森横插一脚

原来，巴克兰在《伦敦地质学会学报》发表的一篇论文中，列入了他的好朋友、英国医生兼地质学家帕金森——这位未来的激进分子、帕金森综合征的鼻祖提出并描述的巨齿龙。但他们仅仅注意到巨齿龙的牙齿不像蜥蜴那样直接连着颌骨，而像鳄鱼那样长在牙槽里，他的认识就仅仅这么多！完全没有认识到它的意义，即巨齿龙完全是一种全新发现的史前动物。

总的来说，恐龙的研究起点是禽龙，而不是巨齿龙。因为从禽龙之后，人们才接受了在同一个地球上，曾经存在着比现生冷血、陆栖的蜥蜴在尺度上有着如此巨大改变的怪兽的事实！可贵的是，居维叶看了禽龙的论文后，很快接受了曼特尔的见解，承认确实有这类巨型的爬行动物。于是，整个生物学界开始为之疯狂，直至今日。

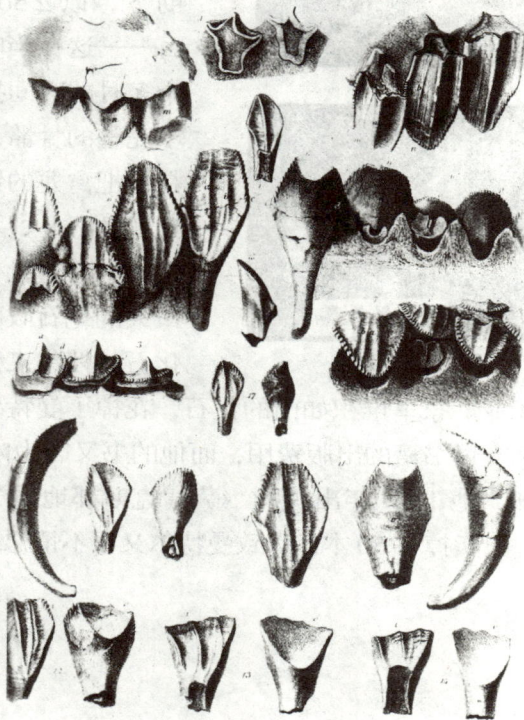

▲禽龙原始论文中的插图

▼曼特尔发现的林龙的复原图

◄禽龙前肢的末节骨，一个钉状拇指

▲鲸龙的股骨化石

114

可惜，我们不得不遵守古生物学上的优先权，去违心地把发现恐龙的荣誉送给巴克兰。我多么希望，能加入一些人情味，正视一下各界对此事的反应，让曼特尔获得更大的荣誉。让我略感安慰的是，大部分人和我想的一样。

事情还没完，接下来的历史令人伤感。曼特尔在禽龙之后，又于 1833 年发现了林龙，以后又在英国陆续发现了鲸龙、槽齿龙等。其中值得一提的是，1834 年，矿工在梅德斯通矿井中发现了一块大石板，上面镶嵌着许多禽龙骨骼。得知这个消息的曼特尔兴奋不已，他连夜筹款，在多个朋友的倾囊相助下，以 2 500 英镑的高价买下了这些化石——这在当时是一笔巨款。然后，他用 3 个多月的时间把它们修理出来，并根据这些不完整的骨骼，给禽龙画了一张复原图，只是他把禽龙的钉状拇指错当成了一只角，放到了鼻子上。

拥有这批化石后，曼特尔几乎成了英国最大的化石收藏家，以至于他越来越热衷于化石的搜集工作，而忽视了他赖以生存的医生职业。家里堆积如山的化石，花掉了曼特尔大部分收入。剩下的钱还要用来支付书籍的出版费用，而他的书又因为内容比较局限，很少有人购买。比如，他 1827 年出版的《萨塞克斯郡地质学之梯尔盖特森林的化石插图本》只卖掉了 50 本，以致曼特尔又很不情愿地倒贴了 300 英镑。

第六乐章

欧文的迫害

卖书无术的曼特尔紧接着又开始了其另一败笔。

1833 年，他举家搬到布莱顿，并把自家小楼改成了博物馆，企图收取门票费来补贴家用。然而，他后来突然意识到这种商业行为会损害他的绅士地位，于是就改为免费参观。

▲曼特尔夫妇

可以想象一下，这样一个小小的家庭博物馆，每天有成百上千的人前来参观，既影响了曼特尔行医，又严重扰乱了他的家庭生活。最后，曼特尔背了一身债务。为了还债，他不得不痛苦地变卖部分化石收藏品。没过多久，他的妻子——忍无可忍的安也带着他们的 4 个孩子离他而去。受此打击，曼特尔一病不起。

▼欧文和恐龙骨架

此时，古生物学界发生了一件大事。大英自然史博物馆自然史部的总监——欧文爵士要出来命名一大类新物种了。欧文是维多利亚女王和两位首相的朋友，他瘦削阴险、冷漠傲慢、嫉妒心重，而且极具野心。无论遇到什么议题，不管自己懂不懂，他总要横加评论，但又常常是夸夸其谈。虽然大家都承认他在解剖学上的非凡才智，但欧文在科学界却没什么朋友，据说还是达尔文唯一讨厌的人。

1841 年 7 月 30 日，欧文在普利茅斯的一次演讲中，把当时已经发现的 9 种中生代爬行类命名为 "dinosauria"，并在 1842 年首次见诸《英国化石爬行动物》一书。这个名词的原意来自希腊文 "deinos"（恐怖、巨大的）和 "Sauros"（类似于蜥蜴的爬行动物），欧文还在论文中加了一个脚注，英文是 "fearfully great a lizard"（非常巨大的蜥蜴）。可能欧文的原意是想描述一种巨大的、令人敬畏的动物，而不是许多辞典所解释的 "terrible lizard"（恐怖的蜥蜴）。

虽然欧文自己发现并研究了已知 9 种恐龙中的 2 种，但他依旧对曼特尔嫉妒不已。现在，趁曼特尔抱病不起，他要下手了。

首先，欧文利用曼特尔的穷困与体弱，有系统地从档案中勾销他的贡献：重新命名曼特尔多年以前已经命名过的物种，把他发现这些物种的功劳占为己有。同时，利用自己在皇家学会的影响，让曼特尔的大部分投稿被拒绝采用。

1852 年 11 月 10 日，曼特尔再也无法忍受迫害与病痛的折磨，吞下了 32 倍于治疗用最高剂量的鸦片，于当天下午身亡。

▲1852 年，英国著名的动物画家与雕塑家霍金斯为海德公园新水晶宫制造的巨齿龙雕塑，巨齿龙属于大型兽脚类恐龙，牙齿巨大呈锯齿状，顶端向后弯曲而倒伏

第七乐章

最终归宿

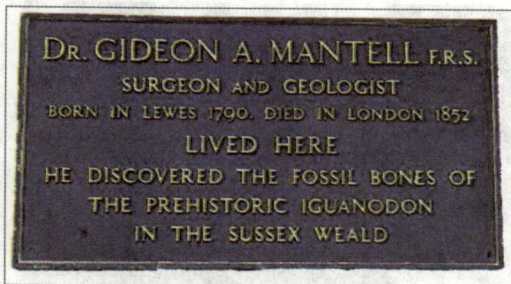

根据曼特尔的遗愿，他剩下标本中的约 25 000 件被卖给了伦敦自然史博物馆，而他那根在 1841 年因车祸而变形的脊椎被取出来送到亨特瑞安博物馆供研究，非常不幸的是，这又是一件极具讽刺意味的悲剧，该博物馆的馆长就是欧文。真不忍心去想象，这根可怜的脊椎天天被仇人欧文把玩的场景。

▶ 曼特尔故居

最后，我也来到布莱顿的曼特尔故居，如今，这里已经被改建为一个小小的博物馆，故居的门上，人们还怀着尊敬的心情写着："他在萨塞克斯发现了史前的禽龙。"

在这个小屋，我们可以看到曼特尔以前生活的点点滴滴，他在这里撰写了《刘易斯镇近郊地质概况》《爬行时代》等 7 本著作，占其全部 13 本著作的一多半。这里也是他与 4 个孩子：玛丽亚、沃尔特、汉纳和雷金纳德一

▼ 伦敦自然史博物馆

▲ 今天欧文的雕像从伦敦自然史博物馆大厅的楼梯上像主人般俯视着下面，而达尔文和赫胥黎的雕像却不大显著地放在博物馆的咖啡店里，以严肃的目光凝视着喝茶、吃甜甜圈的人们

起度过快乐时光的地方。

曼特尔故居虽然远远比不上很多恐龙博物馆，里面也没有许许多多的化石，但我相信这个小屋子能够让你们感受到这位挚爱并穷尽一生精力与金钱的外科医生对恐龙的热爱之情，而诸多的不幸，也使曼特尔成为古生物学上一个著名的悲剧英雄。这也是我用如此大篇幅向你们介绍这位医生的原因。

至于欧文，他后来也受到了一定程度的惩戒。我们以后再慢慢说。不过，直到今天，欧文的雕像从伦敦自然史博物馆大厅的楼梯上像主人般地俯瞰着下面，而达尔文和赫胥黎的雕像却不大显著地放在博物馆的咖啡店里，以严肃的目光凝视着喝茶、吃甜甜圈的人们，曼特尔的雕像则出现在纪念品的专柜中极不显眼的一角。

最后的最后，曼特尔那变形的脊椎在亨特瑞安博物馆展出了将近一个世纪后，在第二次世界大战纳粹德国突袭伦敦的闪电战中，被一枚"突发善心"的炸弹击中，消失在尘埃之中。而卖剩的化石则传给了他的子女，其中绝大部分被沃尔特带到了新西兰，他于1840年移居至此。之后，沃尔特官运亨通，最后官至土著居民事务部部长。1865年，他把他父亲收藏品中的主要标本，包括他妈妈发现的那几颗著名的禽龙牙齿，捐赠给了新西兰博物馆。而这些曾"引爆"古生物学的牙齿，现在也不再对外展出了，它们安静地躺在标本盒中，见证着这段不灭的传奇。

PART

9

骨头大战

骨头大战？

先停下你的发散思维！这断然不是你楼下的"小黄"和"小花"为了一块骨头而狗咬狗，这是古生物学史上一次伟大的战役，一次空前绝后的战役。战役缔造了美国的恐龙文化，并随着美国的强盛而遍及四海。

梅得森堡

第一乐章

美国首次发现恐龙

骨头大战？

先停下你的发散思维！这断然不是你楼下的"小黄"和"小花"为了一块骨头而狗咬狗，这是古生物学史上一次伟大的战役，一次空前绝后的战役。战役缔造了美国的恐龙文化，并随着美国的强盛而遍及四海。

故事可以从 19 世纪中叶的 1848 年说起。这年的 1 月 24 日，一位名叫马歇尔的新泽西木匠，在为萨特先生打造一台锯木机时，于加利福尼亚的美利坚河附近发现了一个金块。一周后，圣弗朗西斯科的所有男人都扔下手头的工作，抄起筛子和平底锅，发疯似的朝着锯木厂狂奔，驻扎下来淘金。

接着，潮水般的电报传遍了北美洲东岸、英国、土耳其，甚至中国，宣布黄金唾手可得的佳音。而卓别林那部《淘金记》，描写的就是这股疯狂的淘金热。

虽然黄金并没有那么多，但在另一方面，却促成了考察事业的发展。试想一下，那么多人拿着十字镐与铁锨，在土地上到处"开花"，要是不挖出点儿东西来，那才是奇怪的事情！

▲卓别林的《淘金记》，这部永垂不朽的喜剧描写了 19 世纪末的淘金热

▲海登（1829—1887），美国地质调查所所长，提议建立全世界第一座国家公园——黄石国家公园

▲雷迪（1823—1891）的面部倒模。雷迪是美国动物学家，宾夕法尼亚大学解剖学教授，美国脊椎动物学和古生物学的先驱者，最早研究美国西部化石的学者

随后几年，美国地质与古生物学界的垦荒者开始动作起来。其中，未来的地质调查所所长海登，在蒙大拿州朱迪斯河流域的西部荒原找到了一批恐龙化石，这是美国第一次发现化石。化石送到费城自然科学院，由院长雷迪亲自研究描述。雷迪发现这些化石并不属于当时已知的几个恐龙属，与英国的发现并不一致。他对此非常兴奋，很快对媒体宣称恐龙不仅仅生活在欧洲，美洲也曾经是它们的乐土。

不过，雷迪事后才发现，这些标本只不过是一个小小的前奏而已。

1858年，一支奔赴西部进行地质考察的考察队来到新泽西州的小城哈登菲尔德，当地老乡告诉考察队，不久前有位农民在翻挖矿坑时弄出了好些大骨头，不少居民都争相跑去寻宝，没有找到金子，却为家里找到不少摆设。考察队里有位来自费城自然科学院的人，名叫福克，他一直以来都对化石抱有极大的兴趣，于是福克便雇佣了几个当地人再次前往矿坑发掘，并把化石运回了费城。

1858年底，雷迪开始仔细研究福克带回来的恐龙化石，这些化石便属于如今为人们所熟悉的鸭嘴龙。

▼鸭嘴龙的骨骼装架

122

第二乐章

柯普登场

▼沧龙

123

雷迪对鸭嘴龙的推测具有划时代的意义。他是最早提出恐龙能直立的科学家。这是难能可贵的。由于缺乏化石证据，当时几乎所有的平民百姓和科学家都认为恐龙就应该像蜥蜴一般慵懒地爬行，直立这种姿势应该只有高等的哺乳动物才能拥有。雷迪的推测冲破了自居维叶描述沧龙后近60年里人们对古爬行动物的看法，令人耳目一新。

雷迪虽然提出鸭嘴龙像袋鼠一样直立，但毕竟是用哺乳动物来推测爬行动物，这个结论如此大胆，以至于雷迪自己都有点犹豫。他虽然是一个时代的开创者，但他素来温和的性格也决定了他有优柔寡断的一面。他为自己推翻了居维叶、欧文这些学术泰斗的成果而感到忐忑不安，总担心是自己太鲁莽了。幸好，雷迪有一位以性格暴烈、为人激进而闻名的学生，那就是柯普，美国接下来很长一段时间的恐龙历史，其中大半要靠他来书写。

▶鸭嘴龙

▲19 世纪的费城自然科学院

布鲁诺

布鲁诺，文艺复兴时期的意大利哲学家。1583 年，布鲁诺来到英国，批判经院哲学和神学，反对亚里士多德－托勒密的地心说，宣传哥白尼的日心说。1585 年去德国，宣传进步的宇宙观，反对宗教哲学，进一步引起了罗马宗教裁判所的恐惧和仇恨。1592 年，布鲁诺在威尼斯被捕入狱，在被囚禁的 8 年中，布鲁诺始终坚持自己的学说，最后被宗教裁判所判为"异端"而烧死在罗马鲜花广场。

▶意大利文艺复兴时期伟大的哲学家布鲁诺

后生可畏，柯普就是最生动的例子。柯普于 1840 年 7 月 28 日生于费城，其家庭信奉贵格会（基督教新教的一个派别），他从小就对自然史很感兴趣，6 岁时便记录了自己对鱼龙化石的观点。在雷迪研究鸭嘴龙的那一年，柯普刚刚年满 18 岁，但在学术上已经初露锋芒。他向费城自然科学院投了一篇关于火蜥蜴与如何完善蝾螈分类的论文。这篇文章旁征博引、举例翔实而且颇有心得，很快引起了学术大腕儿们的关注，于是柯普被吸收为史密森研究院大地懒社的会员，并在宾夕法尼亚大学听雷迪的比较解剖学课程。

3 年后的 1861 年，柯普顺利当选为费城自然科学院院士。此间他已经写出了近 30 篇关于蛇、蜥蜴和两栖类分类的论文，数量之多、速度之快令那些老前辈咂舌。

柯普之所以能取得如此多的成绩，很大程度上与他的性格有关：这位年轻人拥有炽焰一般的工作热情，他对学术研究的狂热已经达到废寝忘食的地步；更引人注目的是柯普那永不消逝的自信心，喜欢他的人说他魄力慑人，讨厌他的人则大肆批评他自命不凡。柯普虽然饱受指责，但他从来没做出过任何让步，他的一生堪称战斗的一生。也许，科学史上的某些重大进步确实只有"偏执狂"才能完成，正如同布鲁诺与日心说、纳什与博弈论一样。

124

第三乐章

柯普初会马什

就在柯普当选科学院院士的同年，南北战争硝烟四起，美国历史上唯一一场内战爆发了。实行奴隶制的 11 个南方州退出联邦，另立南方政权，挑起争战，总统林肯率领北方联邦为了统一而与南方对垒。

而这对柯普来说，他只是感到热血沸腾，那永不消亡的热情一直要把他拉向战线。战争打响后不久，柯普摩拳擦掌要加入联邦军为国而战。这可吓坏了柯普的老父亲，他赶紧托关系把儿子送到欧洲去求学。

柯普老大不愿意，但父命难违，他只好开始了 4 年的欧洲求学之旅。

这期间，柯普周游列国，到欧洲各个古老的博物馆里去考察展品，结识各位自然科学泰斗。

就在 1863 年，柯普拜访柏林大学，在这里见到了一位美国老乡——马什。马什这年已经 32 岁，比柯普大 9 岁，正在柏林大学读研究生，才刚发表了 1 篇论文；柯普虽年仅 23 岁，却已经是费城自然科学院的院士了。

美国西弗吉尼亚州的民众扮演着南北战争时期的联邦军。今日的游戏，却是昔日的坟墓

（供图／West Virginia Division of Tourism）

皮博迪（1795—1869）（绘图/John E.Mayall）

面对这位有点老不成器的同乡，柯普只是客套了几句，并礼节性地邀请马什将来回美国后到访自己的工作室。

"憨憨"的马什自然感激万分……可柯普万万没有想到，就是这个在他眼里有点窝囊的家伙，日后与自己展开了长达20年的"骨头大战"。

与天资聪慧的柯普比起来，马什有点大器晚成的味道。他于1831年10月29日出生在一个农场主家庭里，小时候就很羞涩，学习成绩也不是很好。不过，马什是银行界大亨皮博迪的外甥，按理说腰缠万贯又颇具菩萨心肠的皮博迪是可以支援一下自己这位小亲戚的，但是他对马什那种"不求上进"的作风非常不满意，所以迟迟不肯为马什慷慨解囊。

马什直到21岁还打算在附近的工厂得到一个职位，却意外得到一笔皮博迪给他母亲的资金，以此作为学费，马什得以进入麻省安多弗的菲利浦学院读预科课程。

菲利浦学院有着悠久的历史，它只比美国年轻两岁，创校于1778年，校友包括两位布什总统（当然，马什日后也成为这家学校的著名校友，他被称为该校的"父辈"和"舵手"）。

马什在学校里发奋图强，努力学习并积极参加各种比赛，然后把积攒起来的成绩单和奖状寄给皮博迪，并写信告知自己经济上的窘况，恳请自己的富翁舅舅伸出"仁慈的援助之手"。

皮博迪终于被马什打动了，4年后，马什带着充足的学费进入了著名的耶鲁大学。

1860年他获准毕业，并于两年后获得了耶鲁大学谢菲尔德科学院的硕士学位。

耶鲁大学

第四乐章

各有斩获

南北战争期间，马什和柯普一样到了欧洲留学，在获取知识的同时，马什也利用皮博迪外甥的身份四处活动，终于在皮博迪最后一项重大捐赠的名单上列入了耶鲁大学。

在 1865 年回国前，他不仅让皮博迪答应永远拨给他充足的学费、考察费，还让皮博迪出资 15 万美元为耶鲁大学盖了一座自然史博物馆。

▲1912 年，奥斯本绘制的糙牙龙复原图，他继承了师公雷迪的"袋鼠"复原

这一切都在马什的计划之中。大喜过望的耶鲁校董、校长感到无以为报，一方面把博物馆命名为皮博迪自然史博物馆，一方面盛情邀请马什留校，任博物馆馆长。

皮博迪赢得了不少掌声和颂词，马什却为自己搞到了实实在在的好处，他打通了校方的铁杆儿人脉，拥有了响亮的教授头衔，获得了滚滚而来的研究经费和宽敞气派的研究室。

1866 年，马什被耶鲁大学聘任为北美第一位古生物学教授，那年他 35 岁。

那么柯普呢？对于柯普来说，宁静的欧洲可能比战争还要折磨人，而且他念念不忘数年前他的老师雷迪找到的那种"袋鼠模样"的糙牙龙和鸭嘴龙，所以他非常渴望能早点回到美国去大干一场。

▲史密森自然史博物馆外景

▲鸭嘴龙股骨

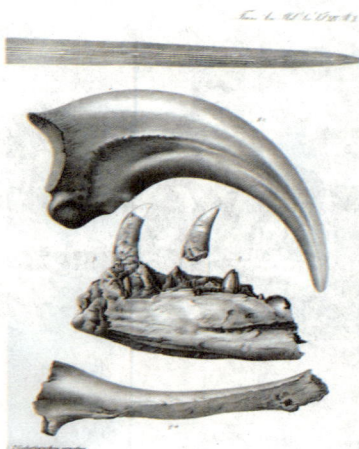
▲柯普发现的巨大脚爪，它们属于谁呢？对，们它的主人就是——暴风龙！

128

终于，到了 1864 年，柯普完成学业后得以回国，很快就被费城附近的哈弗福德学院聘为动物学教授，次年又被委任为史密森自然史博物馆的馆长。但以柯普的战斗热情，并不适合学院的工作。他便三天两头地往发现过鸭嘴龙的哈登菲尔德跑，1866 年还在那里买了间房子。可以预料，他在学院的教学工作屡屡无法按时完成。院方对此非常不满意，柯普更是厌恶那种案牍劳形的职业。

1868 年，他干脆就炒了学院鱿鱼，甚至连父亲给他的农场都变卖了，一门心思投入哈登菲尔德的发掘工作。

天道酬勤！1866 年夏，柯普在新泽西州巴内斯波罗镇附近的一个矿坑发现了一块 76 厘米左右的鸭嘴龙股骨。这是他亲自发现的第一块化石。没过多久，在秋天到来之前，这里便发现了一具前所未见的恐龙化石，化石包括颚骨碎片、肢骨、指骨和爪。其中令他狂喜不已的是一只长达 20 厘米的巨爪，就如同鹰爪那样尖锐！

柯普在当时写给他父亲的一封信中这样描述："我发现的遗骸比我预想的要有意思得多。它们可能是属于巴克兰的巨齿龙类中一种全新类型的巨型肉食性恐龙，就是它们毁灭了雷迪的鸭嘴龙。它们是用爪捕食的，保存下来的有一只爪或爪关节，至少有 20 厘米长。爪子的形状介于鹰爪和狮爪之间……"

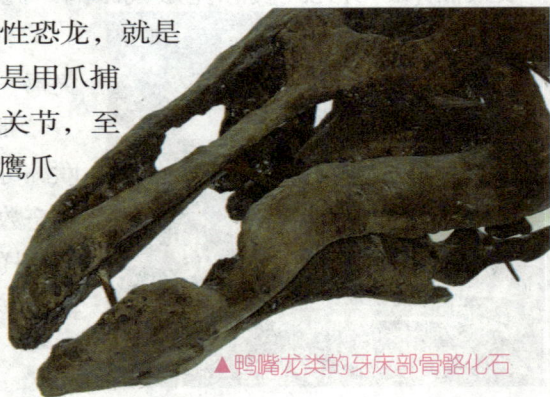
▲鸭嘴龙类的牙床部骨骼化石

第五乐章

鹰爪暴风龙

1 m

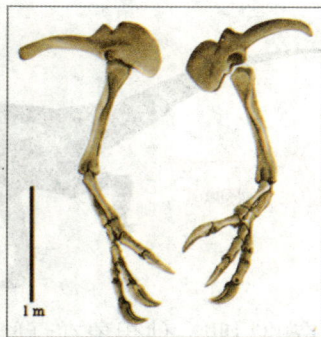

正如柯普所料，这件化石确实属于一只兽脚类恐龙，也是世界上发现的第二件肉食性恐龙化石。第一件是英国的巨齿龙。巨齿龙在我们以前的章节提到过。

8月，柯普在费城自然科学院展出了这具恐龙化石，并将其命名为鹰爪暴风龙，属名"暴风"来源于希腊语 Lailaps。这是古典神话里一只神犬的名字，传说这只神犬敏捷无比，能捉到世上所有的猎物，它曾有无数主人，其一是雅典皇埃瑞克修斯之女、克法洛斯之妻——普罗克里斯。后来，克法洛斯将此犬送到忒拜郊外，那里住着一只永不会被捉到的狐狸，想看看结果如何。为了解决这似是而非的问题，宙斯将它们变成了石头，并将神犬升上天空，也就是现在的大犬座。柯普选用神犬为暴风龙命名，正是取其急速狂奔之意。

暴风龙的出土在古生物学界引起了不小的震动，因为人们终于找到了心目中的"英雄"—— 一种可以干掉鸭嘴龙、糙牙龙的肉食性恐龙，完善了美国白垩纪动物区系。

而且暴风龙为考证恐龙姿态提供了新的化石证据：暴风龙的前肢长30厘米，后肢股骨长80厘米，如果再考虑小腿的长度，暴风龙的前肢远远小于

▲古典神话里的神犬

◀大犬座

▲恐龙中的很多品种都能以后肢行走

后肢，这毫无疑问地证明了早前雷迪对恐龙直立形态所做出的猜测。

柯普从来就不会掩饰自己的万丈激情。他对暴风龙的描述几乎就是自己内心亢奋的写照。他想象在辽阔的白垩纪平原上，无数的鸭嘴龙正安详地享受阳光、品尝嫩芽，突然一只暴风龙从阴暗的树荫下扑出来，于是一场精彩的生死战拉开了序幕：鸭嘴龙和暴风龙都像袋鼠一样靠后腿用力跳跃追逐，这些巨兽每一次落地都发出震耳欲聋的巨响，尘土飞扬中暴风龙追上鸭嘴龙，它没有用前肢"抓"住猎物，而是用尾部支撑身体，说时迟那时快，它奋尽全力踢出强健的后腿，用恐怖的利爪把鸭嘴龙撕得皮开肉绽……好一幅惊心动魄的画面啊！

3 年后，柯普在一份综述中热情洋溢地描述："暴风龙的表现将使所有现代爬行动物相形见绌。我们不妨用对热血动物的认识来猜测一下这只怪兽：6 米长的巨大身躯腾空而起，飞跃 9 米之遥向可怜的猎物袭来，锋利的爪子足以使对手伤筋断骨，再辅以天文数字的体重给对方狠狠一砸！"

遗憾的是，在暴风龙的描述上，柯普却忽略了一个非常关键的要素！一个低级的错误，导致这只恐龙在不久后迷失了自己，也不再属于柯普。

▼格斗的暴风龙（暴风龙生活场景复原图，完成于 1897 年）

第六乐章

梁上君子

看到柯普的鹰爪暴风龙这样大出风头，皮博迪自然史博物馆的馆长马什大人可坐不住了，心里好生羡慕。

不过，当柯普为了研究新泽西州的化石而变卖自家农场，亲自到化石点日晒雨淋时，马什却购置了拥有 18 间房间的豪宅，尽享人间奢华。虽然马什也抛出不少正儿八经、条理清晰的学术论文，但现在已经被柯普比下去了。

当然，要超越对手，必须先了解对手。马什想起柯普许久以前的邀请，于是便于 1868 年春，借着会议的机会，来到新泽西州哈登菲尔德化石点考察。

眼见为实，马什立刻被这个巨大的化石点惊呆了，他放下学究的派头，这里跑跑，那里看看，不住赞叹这个"聚宝盆"的神奇和柯普的幸运。柯普还邀请马什一起挖掘了一段时间，两个人相处得很好。

但不久之后，柯普慢慢觉察到，原本源源不断送到他办公桌上的化石居然日渐稀少，难道哈登菲尔德的资源已经枯竭？满腹狐疑的柯普来到化石点一番摸底才发现，原来狡猾的马什来参观后，暗地里与化石点的工人签下了待遇丰厚的秘密协议，以高出柯普近 1 倍的价格把出土的化石统统买去了！直率的柯普万万没想到原来马什是如此的奸猾卑鄙，不禁气得暴跳如雷。

▲ 老好巨猾的马什

▼ 矗立在哈登菲尔德小镇上的鸭嘴龙

131

▲游荡在水中的薄片龙

▲蛇颈龙完整化石出土，牙齿比黄瓜还大

要知道，古生物学家一旦离开了化石，研究就无从做起，现在马什居然做出了如此无耻的事情，在柯普看来，这个问题的严重性等同于入室盗窃。

从此，柯普便与马什结下梁子，这就是"骨头大战"的序曲。

此时，因暴风龙大出风头的柯普也好运不断，1868年他又描述命名了蛇颈龙类的薄片龙，但这个著名的物种却把柯普永远钉在了耻辱柱上。在这个故事的开始，请容许我先简单介绍一下蛇颈龙类动物，首先强调，它们铁定已全部灭绝，不要去幻想那人装出来的尼斯湖水怪就是蛇颈龙。在分类上，蛇颈龙类属于爬行纲的调孔亚纲，是一类适应于水中生活的类群，从晚三叠世开始出现，繁盛于侏罗纪至白垩纪，并于晚白垩世与恐龙一道灭绝。

蛇颈龙类的外形有点类似蛇和海龟的结合体：小头、长颈、圆筒躯干、短尾和鳍状四肢，这个类群也不乏庞然大物，不少种类身长11~15米，个别能达到18米。

柯普在当时的一本流行杂志上介绍了自己的发现：暴风龙骄傲地站在岩石上，看着水中的薄片龙，远处的鸭嘴龙在吃树叶，图中的薄片龙头尾颠倒了

第七乐章

平尾薄片龙

也许我们永远也想象不到，1868年3月，年仅28岁的柯普在打开由堪萨斯州西部荒野千里迢迢运来的板条箱时，他的脑海里闪过了什么样的念头。

当时，柯普正在费城自然科学院从事古爬行动物的研究，这一类动物通常拥有短短的脖子和长长的尾巴，而这个在现在看来极为简单的构造却成为下文一切争端的导火索。

柯普也已经见识过蛇颈龙类的化石，而且不止一次。这其中包括他在欧洲求学时的所见，和费城自然科学院里一件以上的标本。

柯普的老师雷迪，当时也算是美国蛇颈龙类化石的专家，他已经研究并描述了茨氏龙和迪斯科龙两种蛇颈龙。但这件来自堪萨斯州的标本，不仅是堪萨斯州的第一件白垩纪脊椎动物化石，而且是当时北美发现的最大、最完整的蛇颈龙化石。因此，它对柯普来说意义非凡，是一条登天扬名的捷径。

▲茨氏龙和迪斯科龙的原始论文插图

▼堪萨斯州

▲薄片龙的头骨，它的眼睛集中在正前方，能看见立体图像

当柯普第一眼看到这堆蛇颈龙化石时（在把激情降到可控限度之后），这只巨兽必然会在他脑海里浮现出一个大概的轮廓。

传言，柯普当时就在勒孔特博士的铁路测量报告本即速记本上命名并描述了这批化石，文章其后发表在 1868 年 3 月的《费城自然科学院学报》上。文章中，柯普写道：这条龙的椎体上发育着奇特的板状横突，故命名为平尾薄片龙。

这确实是一种神奇的动物，薄片龙生活在晚白垩世，广泛分布在各个大陆，包括南极洲。它全长达 12 米，仅脖子就占到体长的一半，但它这条脖子却几乎是僵硬的，只能做小角度的弯曲，因此古生物学家分析它主要是把长长的脖子伸进鱼群里，而庞大的身体就留在远处，这样鱼群不会受到惊吓，它也就能趁机大开杀戒了。

薄片龙的眼睛结构还可以看到立体图像，这非常有利于捕食鱼类；同时它的脖子可能也起到了转舵的作用。

从发现的胃石来看，薄片龙常去海床底部吞食小鹅卵石，这样不仅可以帮助胃部研磨食物，还增加了压舱物以便其游泳。

长脖子导致薄片龙活动缓慢，难以逃避其他猛兽的突然袭击，这就是为什么很多薄片龙化石都是没有脑袋的，是因为它们经常遭到沧龙的进攻，反应迟钝的它们常遭身首异处之灾。

薄片龙是我们最常见到的蛇颈龙形象，是蛇颈龙类发展到极致的产物，也是该种类的"末代皇帝"。

▲1991 年在皮埃尔页岩春雪伦段发现的薄片龙胃石

▲薄片龙的胃石

第八乐章

透纳大夫的发现

薄片龙背后有很多有趣的故事，一如其发现，二如其研究，三如其头尾冤案。

▲1867 年时的华莱士堡

先说其一，让我们回溯到 1867 年初。首次发现这种动物的透纳当时是一名派往堪萨斯州西部华莱士堡的外科医生。这可以引述出当时一段大背景，1867 年 6 月 1 日，美军军官卡斯特率领由辎重车和 350 名骑兵组成的一支军队离开海斯堡，辗转于烟山与普兰特河一带，搜寻、尾随夏延族及他们的苏族盟军。沿普兰特河出发后，卡斯特带领着自己的骑兵中队朝西南进发，顺着共和国南岔路进入科罗拉多州，又转向西北，他们依旧在搜寻捉摸不定的印第安人。接着，他们向南迁回来到堪萨斯西部烟山一侧的华莱士堡。

据他自己的记述，他发现该驻地正遭受着饥饿、霍乱、坏血病的袭击，而从堪萨斯城到丹佛城之间的供给线已被到处流窜的夏延人切断，透纳就是派出驰援美军的众多医护后勤人员之一。

华莱士堡的地理位置极为重要，它位于堪萨斯州与科罗拉多州的州界以东约 40 千米处。

在军事战略上，它是堪萨斯城到丹佛城之间的军事前哨，也是巴特菲尔德陆地快递线这一驿路的重要据点之一。而且，华莱士堡也位于未来的联合太平洋铁路附近，这条通往堪萨斯州的铁路当时仍在勘测中。

▲卡斯特在美国是一位著名人士，他骁勇善战，战功赫赫，最后在小巨角河之役中马革裹尸

▲华莱士堡的士兵与士官，左起第二位站立者为透纳

在整个印第安战争时期，华莱士堡的大兵们在为西部移民者、旅客和铁路工人提供保护，当然，他们也在为古生物学家，比如柯普和马什等人提供护卫。

为了排遣在华莱士堡服役的寂寞，透纳医生利用空闲时间在附近狩猎野牛和羚羊，并收集矿石标本。

1867年春，他来到堡垒东北大约19千米处——烟山河北支流流域勘探一处页岩露头，在这里他意外发现了一些"巨兽的骨头化石"。

当勒孔特的联合太平洋铁路勘测组于当年6月路过华莱士堡时，透纳医生送给他3块巨兽的脊椎骨。

1867年11月，勒孔特回到费城，把这3块脊椎中的2块转送给了柯普。柯普仔细观察了标本，认为当地肯定有更多的骨头，有可能是新的物种，于是，他于12月中旬写信给透纳，让他保管好剩下的标本。

▼联合太平洋铁路科罗拉多州落基山山脉段。19世纪，美国基于军事与经济发展的需要，开始兴建联合太平洋铁路来连接已开发的美国中西部与当时还是荒野的大西部，这个庞大的工程给大西部的开发工程添了一大把劲，也给古生物界带来了很多意外的惊喜

136

第九乐章

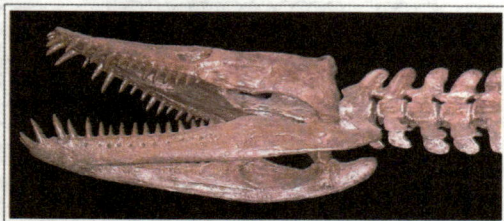

奇怪的反龙

得到柯普的肯定与指示后，兴高采烈的透纳找了几个帮手，于同年12月回到北支流的化石点，开始了一次大型的挖掘行动。

从1867年冬至1868年，透纳等人在非常原始的条件下，用铲子和铁锹挖掘化石，并把挖掘出来的化石摆了一长溜，化石包括头骨、脊椎和其他骨头，他初步复原出这"已灭绝巨兽"的大概样貌，其中单脊椎串就约11米长。

时逢联合太平洋铁路刚刚修好，车辆紧张，直到3月上旬，化石标本才被送到柯普手中，开始了薄片龙二部曲——"研究"。

和往常一样，柯普安排技师夜以继日地修理化石。首先露出原形的是一长串相互关联的椎体，从2.5厘米到10厘米，大大小小的椎体超过70枚。

古生物学家威尔斯后来对此描述道："它的颈椎是如此的小，对于一头这么巨大的动物而言，这样的颈椎简直就是有违常理。"

其实，不仅仅是前面的几枚尾椎，在这一长串椎体中，大部分尾椎、尾椎末端，甚至是背椎也是相当的小，以至于柯普最初甚至判断，尾巴会不会是这种动物用来推进的主要工具？他甚至怀疑它没有后肢。

当我们回头看柯普在当年对这批化石的描述，会看到这样一句话，"在颈椎上发现了类似脉弧的骨骼构造"，而我们知道，脉弧一般都是位于尾椎腹侧的特有构造。为什么柯普会认为是颈椎呢？这很可能是因为其尺寸的缘故，因为这种动物的颈椎实在太长太细，看上去还有点类似于蜥脚类的尾巴，以至于柯普马失前蹄，将其误认为尾椎。

▼最初发现的薄片龙颈椎化石

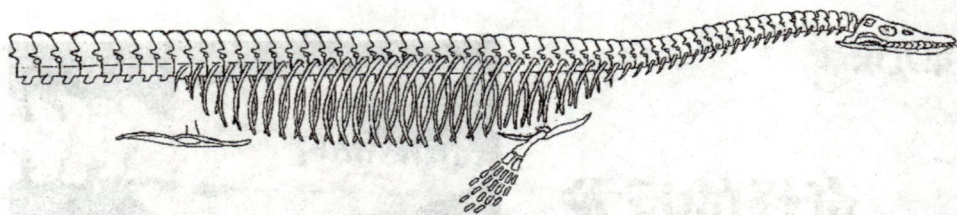

▲1869 年 8 月，柯普发表的《北美已灭绝的无尾类与爬行类概要 I》中薄片龙的轮廓图

此外，透纳也有一定责任，是他告诉柯普，在这段椎骨（纠正过来的尾椎）附近发现了头骨前端的口鼻部，这更使柯普坚信这段椎骨就是颈椎。

3 月，也就是离柯普初次看到标本才 10 多天的时间，柯普便发表了正式的描述报告，命名了薄片龙。

1869 年 7 月，发现薄片龙的透纳医生因急性胃炎死亡，年仅 28 岁，在华莱士堡马革裹尸。透纳曾在 1868 年 3 月访问了费城自然科学院，但他并没有机会见到柯普本人，也不知道柯普最后将他的薄片龙复原成了什么样子。

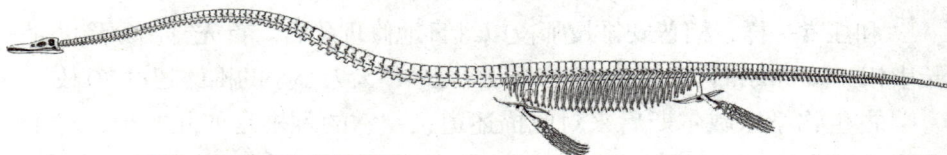

▲1869 年，柯普修正后的薄片龙轮廓图

在正式出版之前，他把一批预印本（指科学家的研究成果在正式刊物发表前，出于和同行交流的目的，自愿通过邮寄等方式传播的论文或专著）寄给了他在世界各地的同行们。

在书中，柯普创造出了一个名为"反龙类"的新类群，意为相反的蜥蜴，这个相反就是指上文说过的脊椎。

▼1870 年薄片龙的复原图，被称为"大洋中最长的脖子"

138

第十乐章

滑稽龙

此时的柯普已经铸成大错，他忽视了一个极为重要的细节。在长长一列脊椎的末端，也就是他将其作为薄片龙的尾部末端，有一块小小的却很不寻常的肿块一样的小骨头。自从柯普相信这是这种新形态动物的尾部后，就完全忽视了它，或者准备将它留到以后的详细描述计划中。

其实，只要柯普仔细看看这块骨头，这类"新形态动物"可能就完全不存在了。

是福不是祸，是祸躲不过。该发生的事情总要发生，这是逃避不了的。

1870 年 3 月，费城自然科学院召开例会。会上，雷迪突然发难：通过对比茨氏龙、迪斯科龙和薄片龙的脊椎化石，他发现这几只动物的脊椎可能被颠倒了位置。

其主要证据来自薄片龙尾部末端，那里保存了第一颈椎和第二颈椎。很明显，这头薄片龙脑袋掉了出来，并移动到尾巴那边，这其实是很常见的埋藏现象。

▲首先向柯普发难的雷迪

然后，雷迪公开指出了柯普这一头尾倒置的失误。但出于某些现在无法得知的原因，雷迪在发表这些言论前并没有知会柯普，而是有点自作主张地抛出这颗伤人伤己的重磅炸弹。可以想象，这件事情肯定让脾气火爆的柯普大为光火，此事让这两位著名古生物学家从此结下了梁子。

▲薄片龙的头颈部化石

和 发表论文的速度一样，柯普火速"召回"甚至买回那些描述薄片龙的文章和专著预印本，并重写了其中薄片龙的部分，反龙类这个新类群自然也就不复存在了。

不幸的是，柯普没能全部召回 1869 年 8 月出版的第一版与预印本，这将成为他的敌人日后嘲笑他的最好证据。至今，我们仍然可以在那期学报和当时一些杂志上看见一头脑袋长到尾巴上的薄片龙。

一张早期的蛇颈龙生活场景复原图，其背景就是柯普的"错头"薄片龙

可能也是碍于情面，雷迪和柯普并没有为此事相互指责很久，随着 1870 年的结束，这件事就不了了之了。

但这时候却半路杀出一位马什，马什自然不会放过这个机会来攻击他的宿敌，马什几乎让全世界都知道了他这个"老友"的错误。他还写信讥讽柯普："你本应该把薄片龙命名为'滑稽龙'。"可以想象，这件事情让自尊心极强的柯普对马什恨之入骨。

柯普获得的部分薄片龙骨骼化石

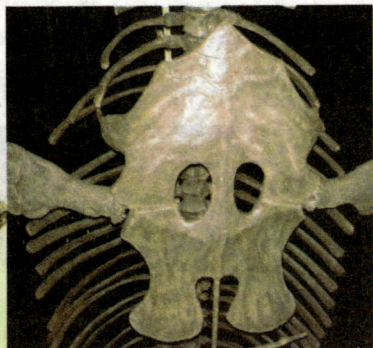

第十一乐章

马什、野牛比尔、勇士红云

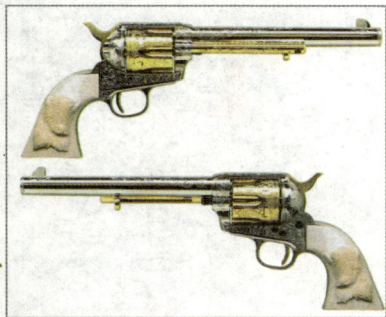

现在，柯普与马什的"骨头大战"终于加热升温，这第二仗在怀俄明州展开。

怀俄明州的州名源自印第安语，意为"大草原之地"或"高山与深谷相间之地"，1834 年开始遭受殖民统治。

在那群古生物学家来到之时，这里有什么？这里有用来砍伐无边无际的雪松林的大铁斧，有成千上万头表情冷漠的美洲野牛，有阔边草帽和摩门教主——杨的三妻四妾，有印第安人神秘的宗教仪式和他们对白人的愤怒……

▲野牛比尔（1846—1917）是美国西部最杰出的神枪手、拓荒者、童子军。当年风头甚健，极富冒险精神，是每个小孩子最钦羡的人物

1870 年 8 月，马什组织他的学生军对怀俄明州进行了第一次考察。考察的向导竟然是大名鼎鼎的野牛比尔，此人本名科迪，"野牛"是他练习枪法的用具，因此称"野牛比尔"。

▼马什学生军 1870 年的考察队伍

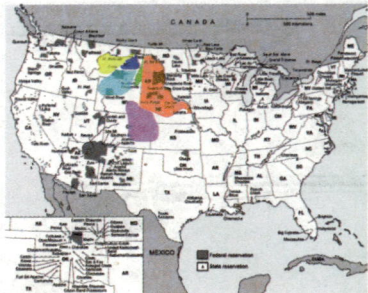

▲ 《拉勒米堡条约》中各印第安部落各自的领土地域范围（只标示大族群）

黑色区域：现在的印第安人保留地；
红色区域：苏族（达科他族）；
绿色区域：格劳斯-文彻族、曼丹族、阿里卡拉族；
紫色区域：阿西尼博因族；
黄色区域：黑脚族；
蓝色：克劳族；
粉色：夏延族、阿拉帕霍族

142

野牛比尔是伴随马什一生的至交好友，马什也很喜欢这位老兄，还专门去纽黑文看了"野牛比尔的西大荒及世界级驯马师大会"，内容包括印第安大战歌舞表演和驿马车攻击。他是如此的成功，甚至受邀至英国及欧洲巡回演出，连维多利亚女皇都看了3次。

在这次考察中，马什没有得到印第安部落的允许就穿越了拉科塔平原，违背了1868年生效的《拉勒米堡条约》。

不过，马什似乎并不担心印第安人，他穿越了一个印第安葬礼台，这个台子上安放了许多男人和女人的尸体，下方则躺着一副小马的骷髅架子。这是一些美国印第安部落的习俗，把死尸放在台子上，并且放一些表示尊敬的标记，比如食物。马则是标记牺牲的人之荣耀。一段时间之后，部落会再回来拾掇这些遗骸。

但马什显然毫不尊重这些传统，他对学生们说："好了，小伙子们，也许他们死于水痘，但除非我们能得到这些颅骨，否则我们无法研究这个印第安种族的起源！"于是他带走了这些骨头。

后来，局势更加复杂，马什一方面不得不借助军队来保护自己，以免遭到印第安人的攻击，另一方面也很识时务地与印第安人修好。

有一次，马什碰巧遇到并亲自帮助了拉科塔族中传奇般的勇士红云，马什承诺会代红云作为印第安人的代表向上帝求情。1883年，红云来到了耶鲁大学回访马什。

红云后来回忆道："我记得这位睿智的领袖。他到我这里来，我请他帮我告诉关于上帝的一些事情，他答应了。我以为他会像所有白人一样，当他离去后就忘记了我，但他没有，他告诉了上帝所有的事情，就像他承诺的那样，我认为他是我见过的最好的白人。"

▶ 拉科塔族的勇士红云（1822—1909），他的肖像后来被印上了邮票

第十二乐章

铁道工的厚礼

1872 年，柯普也来到怀俄明州，并对这片土地进行了多次考察。马什又开始利用他的影响力来妨碍柯普，比如不让他在布里杰堡找到住处和雇工，最后柯普不得不睡在布里杰堡一个院子的干草堆里。

▲科摩崖化石场

而对于印第安人，柯普则采用了完全不同的一种方式。当路过印第安营地时，他会把他的假牙拿出来逗乐印第安人。印第安人看到一个人居然可以随便拿出自己的牙齿然后放回原处，很快被迷住了。

从这点看，柯普比马什显得更亲切和蔼些。面对打压，柯普自然不甘示弱，他也想尽办法与马什对抗。

到了 1873 年，两人开始频繁互通信件，当柯普用某种不为人所知的方法"拐走"了马什麾下一位名为史密斯的工人，并占有了他带来的化石时，马什表现得尤为愤怒。在给柯普的信中，他写道："听到这个消息时我很生气，知道你弄走了史密斯时我非常愤怒、恨不得杀了你，不是用枪或拳头，而是要把你粉身碎骨……我从未如此生气！"

▼1870 年，马什的远征探险队在怀俄明州获得的龟化石

到了 1877 年春天，骨头大战怀俄明之役进入白热化。

联合太平洋铁路公司的工头里德和职员卡林在怀俄明州石河以西、梅得森堡以东的

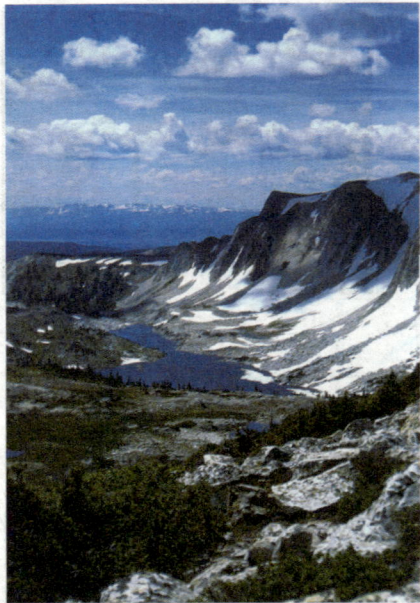
▲梅得森堡

144

科摩绝壁这一片广袤的土地上发现了侏罗纪古生物坟场，发现的化石大部分都是蜥脚类的骨骼。这两位老兄知道此处的化石发现肯定可以给自己带来一笔不菲的收入，说不定下半辈子的生计就解决了。于是他们以自己的自取名"哈洛和爱德华"写了一封信给马什，信中说："正直、热情、慷慨且富有真知灼见的马什先生，我们在怀俄明州的科摩地区某处找到了一大片巨大的化石点，看上去像无数大地懒趴在那里，化石是如此的巨大，我们无法提供太多样品，我们用货船托运了两箱样品，希望您能看看。这个发现已经被不少当地人得知，不断有人来打探消息，只是我们一直都对具体发现地三缄其口，因为我们希望是马什先生来出面保护与研究这批化石……"

马什对这个来路不明的消息非常重视，也知道密信的弦外之音是要钱，这不成问题，此刻他也非常需要一个大型的化石产地来帮助自己与柯普的竞争。数日后，马什收到两箱科摩的样品，里面全是恐龙化石！他立马派遣自己最得力的助手威利斯顿赶赴当地。为了防止柯普得到风声，威利斯顿出发前四处放话说自己此行是要去俄勒冈州。这招果然厉害，在柯普察觉之前，威利斯顿偷偷找到了里德与卡林，并拿出一张极具诱惑力的大额支票。两人将威利斯顿带到科摩绝壁的化石点，威利斯顿完全不敢相信自己的眼睛，更按捺不住心中的狂喜！此处方圆几千米全是化石，柯普的莫里森城化石点与之相比，简直不值一提！

▼1898年科摩绝壁的挖掘现场

第十三乐章

全武行

1879 年 7 月，助手从怀俄明化石点给马什运回了 2 副不太完整的巨型恐龙化石。马什一如既往地在匆匆看过化石后便发表了研究报告，他为这种巨兽取名雷龙。不管是他自己被庞大的骨骼给"震"住了，还是他想用雷龙来震慑一下柯普，反正这种拥有响当当

▲1879 年马什在化石场发掘雷龙化石
亚瑟·莱克斯（Arthur Lakes）绘制

名字的动物很快就震撼了普通大众，使它成为最著名的恐龙之一。

　　但事后马什才发现自己闹了个大笑话，原来雷龙和之前他命名的迷惑龙其实是同一种生物。

　　早在 1877 年，马什就根据莫里森城附近一堆关联度很差的骨骼，将这种恐龙定名为迷惑龙，这只不过是他为数不少的"随心所欲"的作品之一。

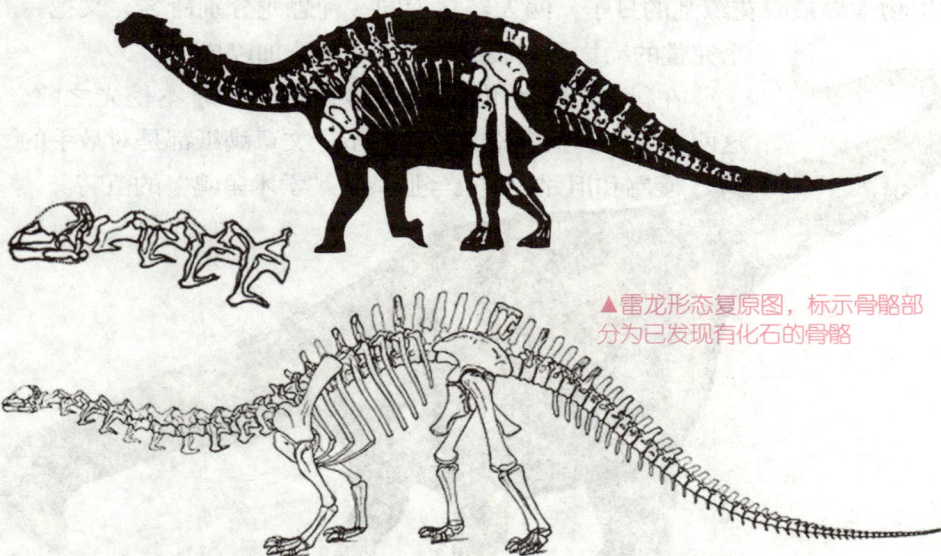

▲雷龙形态复原图，标示骨骼部分为已发现有化石的骨骼

▲马什给迷惑龙画的轮廓图。为让头部更清楚，我加入了一个特写

但不幸的是，迷惑龙就是雷龙。根据动物学命名法规，雷龙应是无效名，但马什对这个名字的大肆吹捧，导致雷龙比迷惑龙还要出名，这就造成了时至今日这两个名字都在许多书籍里可以看见。我们按照学术观点，还是应该用迷惑龙这个称呼，雷龙尽管著名，但终究会慢慢弃用。

在马什命名雷龙的那几年里，双方队伍铆足了劲儿比赛采集化石，源源不断的骨头从一个个化石坑里被送到马什和柯普的办公桌上。

1879年，柯普状告马什"非法侵入"他在科摩绝壁的化石点，并偷窃他的化石。马什在事情败露后，不愿化石落入柯普之手，竟然命令手下炸毁了化石点。

而另一次，柯普把一列装有马什化石的火车转去了费城。接下来，马什为了减慢柯普的工作，甚至把一些不同地层的化石碎片撒在柯普的挖掘地点。当其个采集点被对方发现后，队员甚至不惜打碎来不及取走的骨骼，也不让其落入对手手中！

发展到最后，两队人马干脆冲进对方的化石坑，拳打脚踢把化石夺走了事，科摩绝壁的发掘成了全武行，工人们除了挖化石，还要时刻准备与来犯之敌决一死战。

作为东家的马什和柯普也没闲着。为了比对手抢先一步，他们对到手化石的分析越来越草率，迫不及待地抛出一篇篇研究报告。那几年是美国古生物学界最眼花缭乱的日子。两人经常为同一种恐龙分别命名，又把一个完整的动物群割裂成不同的动物群加以描述。

在科摩绝壁的化石于1889年终于被基本挖光之前，这两人发表了很多论文，后期不少文章满纸都是对敌手的谩骂和诅咒，早已经脱离了"学术争鸣"的范畴。

▶迷惑龙可能是所有恐龙中最受宠的一群，其最广为人知的名字是雷龙

第十四乐章

莱克斯的"巨蜥"

当连场恶斗还没让学术界明白是怎么一回事时，互有胜负的马什和柯普又把硝烟烧到了科罗拉多州。

科罗拉多州的州名源自西班牙语，意为"红色"，1858 年开始被殖民统治。其第一堆恐龙骨在 1869 年或 1870 年初被发现于峡谷市附近。根据当年一张标题已经无法得知的报纸记载：峡谷市的一个古董店里有一些巨大的骨头。

1877 年 3 月，科罗拉多州一位叫莱克斯的小学教师在徒步旅行至莫里森城附近时，发现了一块巨大的脊椎骨化石。莱克斯认为那些骨头属于一条"巨蜥"，兴奋不已的莱克斯赶紧写了一封信并附上化石的草图给马什，希望他能关注一下自己的大发现。

这个被偶然发现的莫里森化石点，时下已是一个极为著名的古生物圣地。整个莫里森岩层面积约 150 万平方千米，属于晚侏罗世地层。它北起加拿大，南到新墨西哥州，西起爱达荷州，东到内布拉斯加州——总面积约为西班牙的 3 倍！

在等待回信的日子里，莱克斯又找到了一截巨大的大腿骨，欣喜若狂的莱克斯又写了一封信给马什。在信中他肯定这是一只身长 20 米以上的庞然大物，如果推测正确，那么这将是美洲第一次出土如此巨大的动物！

▲峡谷市游客服务署门前的剑龙模型　　▲峡谷市地貌

▲剑龙装架模型

接下来，他一边写信给马什，一边挖掘化石，到了5月，莱克斯已经自费挖出了近1吨重的化石，装满10个大箱子。但此时马什依然杳无音信，失望的莱克斯写信给柯普，介绍了自己的大发现。

果然，柯普立刻热情洋溢地给他回了信，盛赞他的发现如何如何有意义，还给莱克斯寄了100美元作为报酬，吩咐他不要把他的发现告诉任何人，尤其不要告诉马什。

有点困惑而又太单纯的莱克斯答应了柯普的要求，马上写信给马什，请他把骨头样本转交给柯普。得到这个消息的马什悔不当初，此前他一直忙于蛇颈龙化石的挖掘而没来得及回信，现在又被柯普占了先。

但马什有的是钱，他了解莱克斯的所需，于是派自己的得力助手、考察队队长穆奇赶赴莫里森城，给莱克斯提供了充足的挖掘经费，并签订了一份独享莫里森城化石点两个月的合同。

大功告成后，穆奇拍了一封电报给马什："已妥善安排好两个月，琼斯没辙。""琼斯"就是他们称呼柯普的代号。数周之内，重达1吨的化石就被运回了耶鲁，其中包括剑龙的部分骨骼。

▼剑龙雕塑，
这是一个很罕见的角度

第十五乐章

有效名 无效名

柯普对此当然感到很恼火，但没办法，毕竟自己的财力有限。1877 年 6 月 20 日，马什发表了莫里森城化石点的研究报告。最初，他以为新物种与鸭嘴龙有点类似，长 15~18 米，直立起来约 9 米，但后来才发现它不止这么大。

▲希腊神话中的泰坦巨人

兴奋不已的马什给新恐龙取名巨龙，属名则取自希腊神话中的泰坦巨人。他在论文里兴奋地写道："这是一只巨大的恐龙，它超过了迄今陆地上的任何动物！"

在展示自己非凡成果的同时，马什也没有忘记老对手。他要对暴风龙下手了！马什指出柯普早年命名暴风龙不符合系统命名法，暴风龙的学名早在 1839 年就被寇克命名给了一种名为"厉螨"的螨虫，所以暴风龙这个名字必须更改。于是，马什自作主张地把暴风龙更名为撕龙，属名源于希腊语"撕裂"。

柯普对此大发雷霆，怒火万丈。他坚决拒绝承认马什的命名。他生前也确实没有使用过撕龙这个名称。但这一次马什再次占据了理论

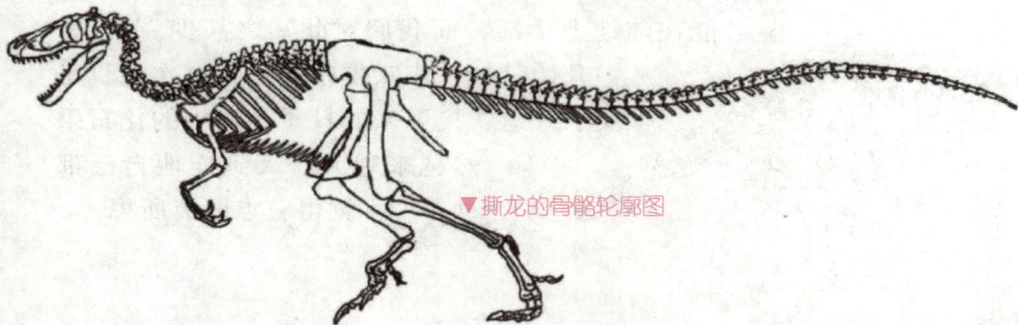

▼撕龙的骨骼轮廓图

优势，柯普最后也无可
奈何。

但马什高兴得
太早了，就在莱克斯发
现化石的同一个月，莫
里森城以南 160 千米处
的峡谷市也发现了化
石。发现者是佛利蒙县
公立学院一位名叫卢卡
斯的植物学家，他在打

▲原地埋藏的，非常完整的圆顶龙化石

猎时意外发现了化石。不久后，卢卡斯给柯普和马什都写了信，称在
峡谷市发现了巨大的蜥蜴类化石。马什没有很快回复，柯普则吸取教
训，马上回信并雇用卢卡斯进行发掘。

这一次，柯普还是
显得很急躁。第一批抵
达的化石被他鉴定为暴
风龙的颌骨，第二批抵
达的则是一些蜥脚类的
脊椎骨。他在化石还没
有完全研究完成时，便
宣称："这些脊椎骨明
显地代表着比第一批还
要大得多的巨型动物，
我相信这个最大的动物

▲圆顶龙骨骼装架

能在陆地上生活，而我们对此知之甚少。"柯普
一开始就把牛皮吹得很大，但这次他真是
交了好运，接下来的日子，出土的化石果
然越来越大，大到连他自己都
觉得有点匪夷所思。

▲圆顶龙的骨骼轮廓图

8月，柯普抛出了自己的论文。他称圆顶龙为"最大、最粗壮的动物"。柯普还不失时机地抨击了一下马什的巨龙根本不符合系统命名法，是个无效名，因为同在 1877 年的早些时候，印度古生物学家里德克已经根据一些股骨残片和两块不完整的尾椎命名了巨龙。显然马什并不知道这件事情而重复命名了。所以，柯普认为他自己才是第一位给美国巨型食草恐龙命名的人！